marché
编织大花园 4

随时随意编织的可爱小物

编织是一件愉快的事儿，
编织是一件美妙的事儿，
同时因为作品既漂亮又实用，
编织更是一件幸福的事儿。
所以，一年四季都来编织吧！
从小饰物到宽松的毛衣，
本书汇集了很多的作品。
从初春到初秋，
尽情享受编织的乐趣吧！

日本宝库社　编著
蒋幼幼　译

河南科学技术出版社
·郑州·

目录 Contents

美丽3个
季节!

时尚披肩和外搭

编织一件小披肩或小外搭吧，
从乍暖还寒的初春，
到凉意袭人的初秋，
可以穿三个季节哟！
这里准备了很多兼具实用性
和时尚性的可爱作品。

摄影：Ikue Takizawa
设计：Kana Okuda (Koa Hole)
发型和化妆：Yuriko Yamazaki
模特：Lindsey

shawl
玛格丽特披肩和收纳袋

这是一款在长方形织片上缝上纽扣的两用披肩，
扣上纽扣便是玛格丽特披肩。
用蓝色和绿色的亚麻细线合在一起钩织，
产生微妙的色变效果。
钩织的纽扣和贝壳形饰边是
这件披肩的亮点。

设计 / 冈本启子
制作 / 小林则子
制作方法 / p.76
使用线 / Le Rhone

Cardigan

从上往下钩织的短袖开衫

从领口开始往下钩织的开衫，
袖子无须另外缝合。
用光滑的亚麻线钩织，低调有质感。

设计 / 风工房
制作方法 / p.80
使用线 / Tours

用稍大一点的纽扣突出装饰效果。
从领口开始加针，花样简单漂亮。

ARRANGE STYLE

扣上纽扣，可以当作短上衣穿。
五分袖，显得非常轻便。

pouch

便利收纳袋

因为这件披肩是根据气温变化选择穿搭的，再编织一个收纳袋就可以随身携带了。使用与披肩一样的花样进行编织。

配套的收纳袋

如果感觉有点热，围巾可以直接收到配套的收纳袋里。
也可以使用自己喜欢的丝带改变质感。

Stole

波浪褶边围巾和收纳袋

使用优质线材编织简单花样，
金银丝线若隐若现。
两端的波浪褶边增添了甜美效果。

设计 / Yuco Ono(ucono)
制作方法 / p.71
使用线 / Julien

BACK STYLE

后背看起来非常清爽。
织片转换的花样是此件作品的亮点。

shawl gilet

等针直编的披肩式小开衫

钩针编织的花样纤细、漂亮。
用手感光滑的亚麻线，
编织2片不同花样的长方形织片后进行缝合。
解开纽扣，还可以当作披肩。

设计 / 钓谷京子（buono buono）
制作方法 / p.70
使用线 / Tours

ARRANGE STYLE

也可以上下颠倒着穿。
较长部分织片自然下垂，呈现波状重叠效果。

漂亮的镂空花样设计，
初学者也能非常容易掌握。
育克和下摆部分的花样相同，
通过改变排列方法，使作品的花样更加丰富。

BACK STYLE

从下摆开始编织，中途更换针号，
使下摆呈现向外扩展的形状。
前、后身片花样相同，
通过改变领口的开口止位加以区分。

tunic

镂空花样的宽松上衣

无须减针和挑针的直编款式，
非常简单。
一点点的小设计，
就可以编织出穿起来很舒适的衣服。

设计 / 铃木敬子（pear）
制作方法 / p.79
使用线 / Pont du Gard

pouch

鼓鼓的收纳袋

这款收纳袋非常可爱。
因为三角形披肩折叠后很容易散开，收纳袋就显得更加重要了。

shawl

三角形披肩和收纳袋

从三角形的底边开始编织的披肩，
随着编织的进展，针数逐渐减少，
编织起来非常轻松。
有垂坠感的丝线非常贴身，
舒适的顺滑感让人爱不释手。

设计 / Naomi Kanno
制作方法 / p.72
使用线 / MULBERRY

小披肩

使用不同的线，编织得小一点，
再缝上系绳，一条小披肩就完成了。
也可以当作装饰领，
或者戴在头上，当作三角形头巾。

制作 / 菅野叶月
使用线 / orgabits One

shawl

花片连接的梯形披肩

连接三角形的花片，
并与基础编织花样进行组合。
有机棉的手感非常舒服。

设计 / 冈本启子
制作 / 松下郁子
制作方法 / p.74
使用线 / orgabits One

ARRANGE STYLE

用纽扣固定梯形披肩的两端，
可以当作短上衣穿着。
因为不会从肩上滑落，
非常方便。

pullover

宽松套头衫

针目粗疏的镂空花样的棒针套头衫，
象牙色和黑色的清爽配色非常漂亮。
后身片是大块的长方形，
前身片在中心位置加针，
制作自然下垂的波状下摆和领口。

设计 / 冈本启子
制作 / 佐伯寿贺子
制作方法 / p.78
使用线 / SCILLA

作品中使用的线

Julien
真丝95%、金银丝线（涤纶）5%
全10色　40g/团　约176m　中细

Le Rhone
麻100%（苎麻85%、亚麻15%）
全10色　35g/团　约185m　细

Tours
麻（亚麻）100%
全8色　30g/团　约105m　中细

orgabits One
棉100%（内含有机棉10%）
全15色　40g/团　约130m　粗

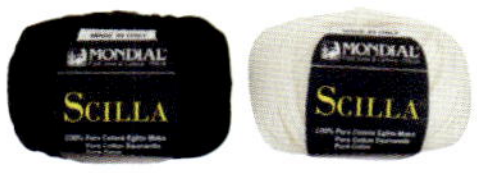

SCILLA
埃及棉100%
全13色　50g/团　约110m　粗~中粗

Pont du Gard
麻（法国亚麻）100%
全12色　40g/团　约172m　细~中细

MULBERRY
真丝100%
全11色　50g/绞　约125m　中细~粗

百变穿搭推荐

脱去外套的季节，搭配变得更加重要。
每件作品都是精心编织完成的。
那就每天都穿上或带上它们一起出门吧。

摄影：Ikue Takizawa 设计：Kana Okuda (Koa Hole)
发型和化妆：Yuriko Yamazaki 模特：Lindsey

coordinate 2

p.24拉针钩织的帽子＋
p.5从上往下钩织的短袖开衫

短袖开衫的蕾丝花边非常甜美，
再在牛仔裤、中性风格的皮鞋基础上搭配一顶
帅气的帽子，
这样的造型既干练又甜美。
不要穿袜子，将裤脚卷起来，露出脚踝部分，
干练的感觉会更强烈。

coordinate 1

p.4玛格丽特披肩＋
p.24竹篮结构的手提包

以蓝色线和绿色线编织的披肩为基础的色调搭配，
既清爽又凉快。
这是特别为夏天准备的外出款式。

coordinate 3

p.7等针直编的披肩式小开衫＋
p.22双色圆底托特包

颜色漂亮的上衣，
再搭配米色和米白色等同色系，
使颜色统一起来的同时，突出强调色。
脚下的亮色隐约可见。
春夏季节，总是想要穿鲜艳的颜色，
那就尝试搭配不同的颜色看看吧！

red socks&
white shoes

coordinate 4

p.62发带+
p.11宽松套头衫

夏季的经典海军风。
今年流行的宽松款式，
可以很好地遮掩体形，利用率很高。
还有条纹花样也很受欢迎。
如果想要彰显个性，
那就穿上原创毛衣，扮靓自己吧！

coordinate 5

p.21条纹花样的贝雷帽+
p.23配色花样的长方底托特包

当季的中长裙，搭配花样清爽的手提包。
如果是几何花样的组合搭配，
即便图案较大，也会给人很协调的感觉。
上衣蓬松，脚下轻快，散发着浓浓的春夏气息。
再配上贝雷帽，更显优雅、大方。

pattern&
pattern

Pale tone
coordinates

coordinate 6

p.9小披肩+
p.43包芯编织的手提包

只需在简约的针织衫领口部位加上一条小披肩，
立刻就增添了时尚气息。
略显花哨的裤子，
如果是这样的烟熏色，就比较容易接受吧。
款式简单的百搭款手提包，
既适合优雅风格，也适合中性风格。

手编的浪漫生活

蕾丝编织的饰边和装饰垫

跨越时代、备受欢迎的《绿山墙的安妮》的舞台是加拿大的爱德华王子岛。
这里介绍的就是这个小岛上的可爱蕾丝小物。
喜欢一切美好事物的安妮一定也会爱上这样的蕾丝小物的。

摄影：Yukari Shirai 设计：Megumi Nishimori 撰文：Sanae Nakata

饰带和花片图案

花朵花片和饰带的褶边为双层立体设计。
装饰垫充分展示了线条的纤细。
故事中的女孩子们应该就是根据这样的图案进行蕾丝编织的吧。

设计 / Kayomi Yokoyama
制作方法 / p.84
使用线 / b、c DMC BABYLO #10；
a、d DARUMA手编线 SUPIMA蕾丝线 #30

放上一个小花瓶，便可营造浪漫气氛。

玫瑰花饰边的咖啡帘

用方眼针重复编织2种玫瑰花样，
制作宽幅的饰边。
完成后，缝在喜欢的布料上。
如果制作成这样的咖啡帘，
平淡无奇的窗边将会立刻焕然一新。

设计 / Yumi Inaba
制作方法 / p.103
使用线 / DARUMA手编线 蕾丝麻线 #30

饰边是从短边的一头开始编
织的，可以随意调整长度。
注意要保持花样的完整性。

草莓装饰垫

安妮错把葡萄酒当成草莓汁给好朋友戴安娜喝，
这是故事中很有名的一段情节。
这两款草莓装饰垫的创意就来源于这个草莓汁事件。

设计 / Hiromi Endo
制作方法 / p.86
使用线 / DMC BABYLO #10

中心是黄色的白色花朵，
由中心向外双色编织。
枣形针是编织重点。

把菠萝花样当作草莓。
淡粉色的渐变效果给
人柔和的感觉。

雅致蕾丝饰边小盖布

在朴素的布片四周钩上宽约3cm的精致饰边。
小小的手工里，闪烁着女性的光芒，
这就是安妮的世界。
只是随意地盖在篮子或小箱子上，
就能展现出其独特的魅力。

设计 / Yumi Inaba
制作方法 / p.82
使用线 / DARUMA手编线　蕾丝线 #30葵

直接用蕾丝钩针在布片上戳出小洞后钩上饰边。
小花样的组合，设计优雅。

古典饰边盖布

在上浆后硬挺的布片上钩入雅致的蕾丝饰边。
素净的颜色，非常高雅。
饰边也可以用在衣服的边缘和领子等处。

设计 / Yumi Inaba
制作方法 / p.83
使用线 / DARUMA手编线　蕾丝线 #30葵

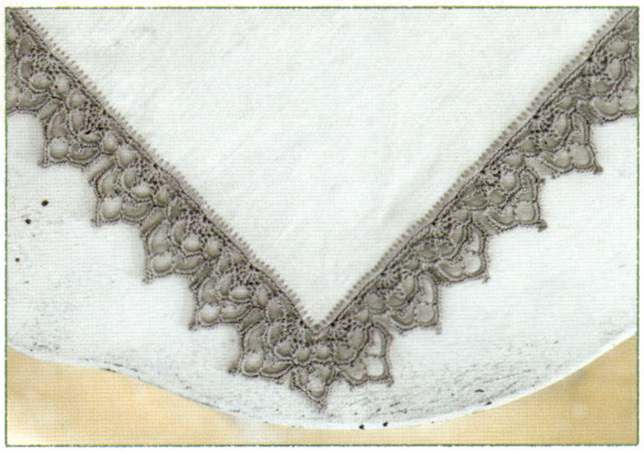

这件作品的编织要领是一针一针仔细钩织，保持针目均匀。为了使花样清晰明了，成束挑起前一行的锁针钩短针，起到加粗线条的效果。

菠萝花样装饰布

在收纳柜里垫上整洁的装饰布。
菠萝花样饰带的蓝色边缘设计尤其清爽。
田园式的装饰风格非常温馨。

设计 / Sachiyo＊Fukao
制作 / 崎阳
制作方法 / p.19
使用线 / DARUMA手编线 蕾丝线 #20

枣形针使菠萝花样凹凸有致。
在细致的网格针基础上，最后钩织扇形边缘。
线材质感富有弹性，作品朴素大方。

来自爱德华王子岛的报道

红发女孩安妮的田园生活
绿山墙农庄

摄影：Hiroki Ushijima 撰文：Sanae Nakata

玫瑰图案的茶具和刺绣台布……《绿山墙的安妮》故事中处处都是女孩子憧憬的杂货和手工作品。那些不起眼的小物在安妮的眼里却一个个散发出耀眼的光芒，让人感到无比兴奋。

如果参观爱德华王子岛，一定要顺便看看那个再现了安妮生活场景的绿山墙农庄（故事中安妮的家）。里面陈列着很多装饰垫和带饰边的亚麻布、蕾丝装饰领等小物，给室内装饰增添了华丽的色彩，凡是喜欢编织的人一定会为之着迷的。可爱的安妮的世界在一个多世纪后的今天仍然历久弥新，一定会带给我们很多创作的灵感。

作者L.M. Montgomery制作的台布。
与拼布和刺绣一样，听说蕾丝编织也是当时女性精通的手艺之一。

雅致的家具映衬着白色的装饰布，整体的陈列给人柔和的感觉。

窗边的沙发上随意地搭配着菠萝花样的蕾丝盖巾，非常优雅。

装饰垫经常用于室内装饰。也经常垫在茶具和花盆等下方。

露西·莫德·蒙格玛丽（Lucy Maud Montgomery）
《绿山墙的安妮》的作者（1874—1942）。
1908年出版第一部作品《绿山墙的安妮》（*Anne of Green Gables*）就大受好评，并由此创作了安妮系列小说。

菠萝花样装饰布

材料与工具
DARUMA 手编线 蕾丝线 #20 原色（2）20g，蓝色（7）5g
钩针 2/0 号

成品尺寸
宽 8.5cm，长 63cm

编织密度
编织花样：1 个花样约 10.2cm，11 行 6cm

制作要点
●主体部分钩 1 针锁针起针后开始钩织，参照图解按编织花样 A 钩 43 行。然后按编织花样 B 钩 11 行。换线，钩 1 行边缘编织。
※根据柜子的尺寸裁剪布料，然后缝上饰带。（参见p.103）
※本书图中表示尺寸的数字的单位均为厘米（cm）。

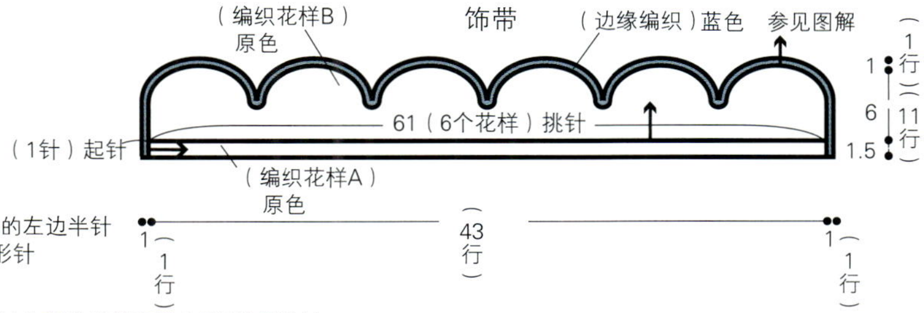

▷ = 接线
► = 断线
配色：▬ = 蓝色；— = 原色
┼ = 短针的条纹针
（变化的枣形针符号）= 在短针头部的前面半针和足部的左边半针这2根线里挑针，钩变化的枣形针

※钩编织花样A的长长针时，在第1针锁针头部的半针和里山2根线里挑针。
※钩编织花样B的第1行时，将编织花样A的长长针的针目分隔开进行挑针。

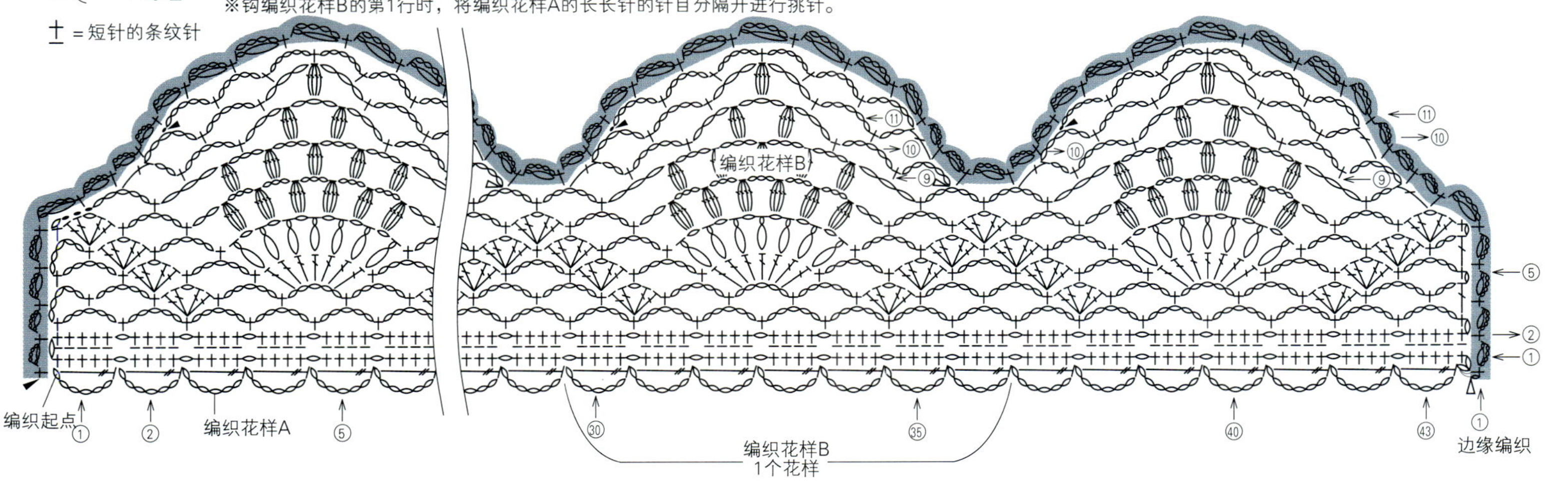

summer hat & bag

优雅、时尚

夏日的遮阳帽和包包

遮挡刺眼阳光的帽子和出门时方便携带的包包是
接下来的季节里不可或缺的单品，
让我们用手编来彰显个性吧！

摄影：Ikue Takizawa 设计：Kana Okuda (Koa Hole)
发型和化妆：Yuriko Yamazaki 模特：Lindsey

简约卷边帽

款型漂亮、设计简单的帽子，
雅而不华的颜色，更添帅气。
一起享受简约的时尚吧！

设计 / Tocky
制作方法 / p.94
使用线 / MARCHEN-ART Jute fix 极细

牛仔风宽檐帽

在简约卷边帽上稍做改变，就可以打造出牛仔风格。
帽身上镂空花样的装饰恰到好处。
麻线钩编的帽子，也非常适合在夏日海边佩戴哟。

设计 / Tocky
制作方法 / p.95
使用线 / MARCHEN-ART Jute fix 极细

条纹花样的贝雷帽

漂亮的紫色贝雷帽，
最大的亮点是可以和任何服装搭配。
在镜子前面仔细研究漂亮的戴法吧！

设计 / 越膳夕香
制作方法 / p.91
使用线 / DARUMA手编线 HEMP STRING

色调素雅的帽子

用颜色漂亮的段染线钩织的帽子，
再加上手编蕾丝饰带，更显优雅。
因为是用纸加工的线材，非常轻盈、干爽。
帽檐或卷起或平伸，都非常可爱。

设计 / 钓谷京子(buono buono)
制作方法 / p.93
使用线 / Puppy Leafy、cotton KONA

summer hat & bag

简单的就是最好的！青木惠理子的麻线编织包

青木惠理子是用麻线编织包包的第一人，
下面介绍的方便使用的麻线包包都是由她编织的。
虽然款式简单，成品却很精美。编织完成后，马上就想用起来。
真是非常实用的包包哟！

青木惠理子

先后在服装企业和杂货店工作过，后来成为一名手工艺作家。
在图书、杂志上发表布艺和编织作品的同时，还举办个人作品展、开设手作教室。
有多部著作，最新的一本书为《麻绳编织的收纳篮和包袋》（中文简体版已由河南科学技术出版社出版）。

双色圆底托特包和收纳包

从圆形底部开始编织的托特手提包，是经典中的经典。
容量大，方便携带，而且超级好用。
与托特包反向配色的收纳包，底部的编织方法相同。
红色的拉链突显清爽效果。

制作方法 / p.97
使用线 / WISTER CROCHET JUTE <细>、CROCHET JUTE <细>
COLOR

配色花样的长方底托特包

从四边形底部往上编织的长方底托特包，
针目紧密，千鸟格图案鲜明夺目。
因为是传统花样，
在休闲中也加入了端庄稳重的感觉。

制作方法 / p.98
使用线 / WISTER CROCHET JUTE <细>、CROCHET JUTE <细> COLOR

用白色线编织千鸟格图案，给人柔和的印象，显得更为自然。
用短针的条纹针钩织配色花样，图案更加清晰漂亮。

作品中使用的线

CROCHET JUTE <细> COLOR

CROCHET JUTE <细>

CROCHET JUTE <细>、CROCHET JUTE <细> COLOR

以天然素材为原料的线材，最适合编织篮子和包包等。
以彩色为对比色，用于配色编织也非常漂亮。
黄麻纤维100% / <细>：约100m /团；<细>
COLOR：约35m /团（全7色）
※因为是天然纤维，所以每团的重量有一定偏差。

summer hat & bag

在网格片中钩织
简单！结实！

用eco-ANDARIA线钩织的包包和帽子

非常适合春夏季节使用的eco-ANDARIA线，
用于网格片钩织会有怎样不同的效果呢？
今年就让我们享受这一新玩法的乐趣吧！
如果使用专用的网格片，完成的作品硬挺，而且不易变形。

合作：w closet (WEARS inc.)

竹篮结构的手提包

将网格片剪成细条后编织成带状，
像编竹篮一样进行组合，充满个性。
然后再钩织手提包的上半部分，
网状花样显得非常精致。

设计 / Ha-Na
制作方法 / p.102
使用线 / Hamanaka eco-ANDARIA

拉针钩织的帽子

拉针钩织的线条给人深刻的印象。
使用eco-ANDARIA细线钩织，作品比较轻薄。
帽身使用了与手提包相同的花样，
透气性非常棒。

设计 / Ha-Na
制作方法 / p.99
使用线 / Hamanaka eco-ANDARIA-crochet

口金收纳盒

使用网格片就可以制作像这样硬挺的收纳盒。
蛙嘴式大口金盒盖，使用起来非常方便。
引拔针钩织的条纹花样是作品的亮点。

设计 / 越膳夕香
制作方法 / p.100
使用线 / Hamanaka eco-ANDARIA

因为前、后片的花样不同，
将袋口向另一侧折叠，会产生不同的视觉效果。

将袋口展开，也可以用作文件袋。
A4大小的文件可以不用折叠，直接放进去。
另一侧则全部是纵向条纹花样。

三用条纹手拿包

用雅致的金属色钩织的时尚手拿包。
因为使用了网格片，
不易变形，而且方便携带。

设计 / 越膳夕香
制作方法 / p.100
使用线 / Hamanaka eco-ANDARIA

网格片钩织的基础教程

在网格片中钩织完成的织片结实而且不易变形，最适合制作包包。

摄影 :Noriaki Moriya

从网格片的一端开始钩引拔针

1 eco-ANDARIA线团比较容易散开，所以使用时将其放在塑料袋里。从中心抽出线头，绕在钩针上。

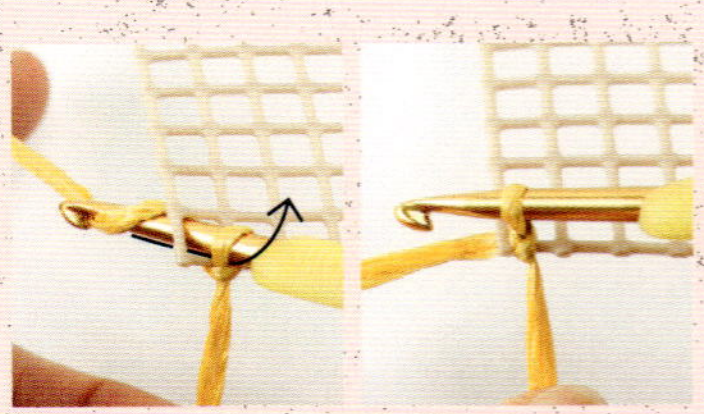

2 在绕线的状态下将钩针插入网格片一端的格子里，在针头上挂线后引拔，接线完成。

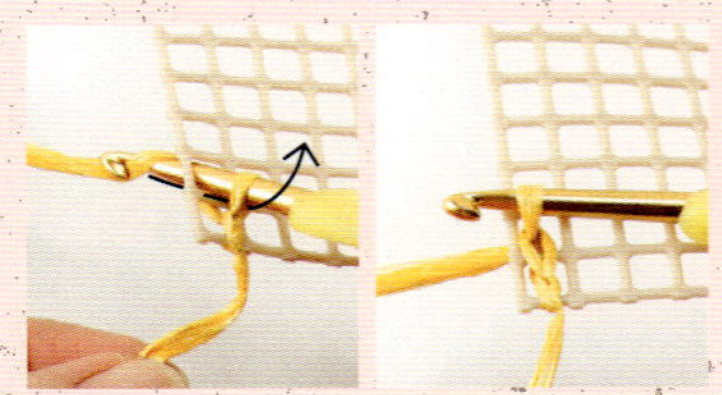

3 在下一个格子里插入钩针，在针头上挂线后引拔。按相同的要领，在每个格子里钩1针引拔针。

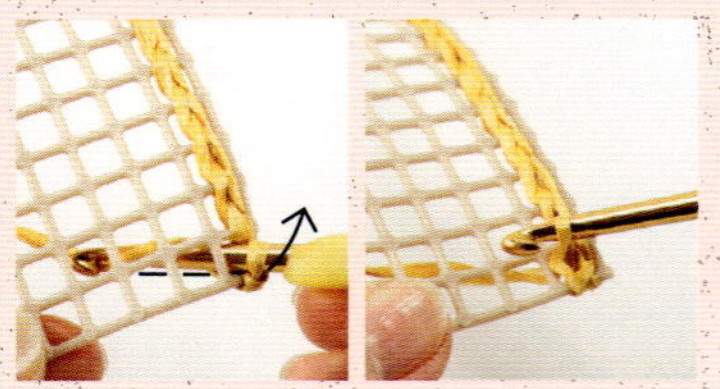

4 钩至另一端后变换网格片的方向，在同一个格子里插入钩针，钩引拔针。

5 在每个格子里往返1次钩2针并列的引拔针。注意插入钩针时不要将线劈开。下一列也按相同的要领继续钩引拔针。

在网格片中钩短针

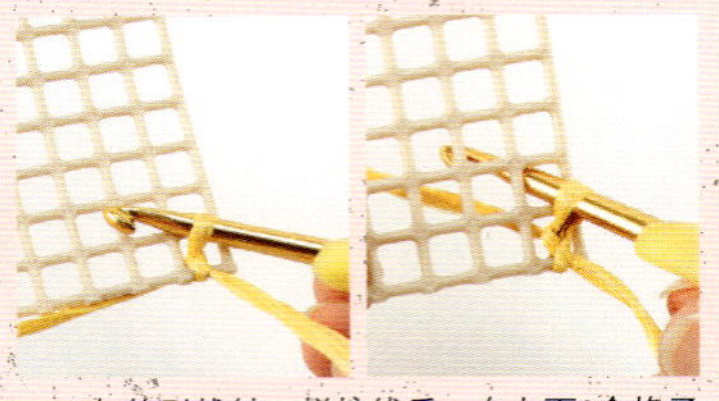

1 与钩引拔针一样接线后，在上面1个格子里插入钩针。

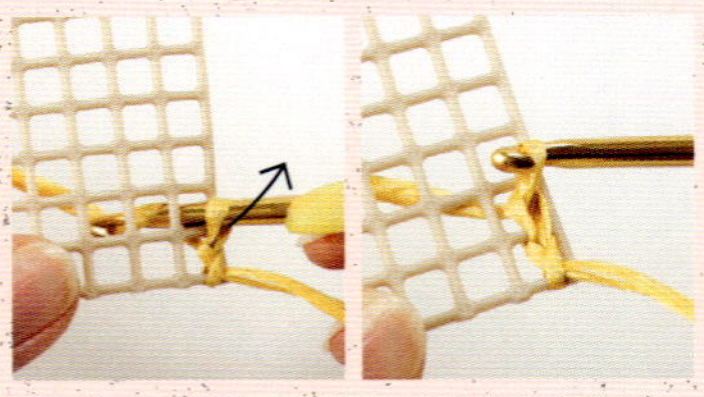

2 在针上挂线后引拔（1针锁针的立针）。

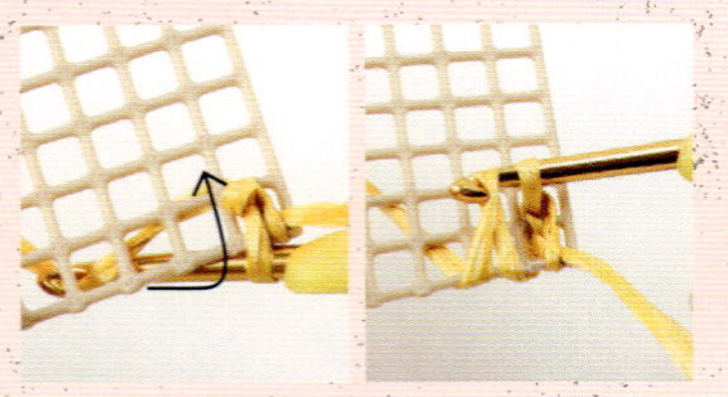

3 在网格片的下方插入钩针，将线拉出。

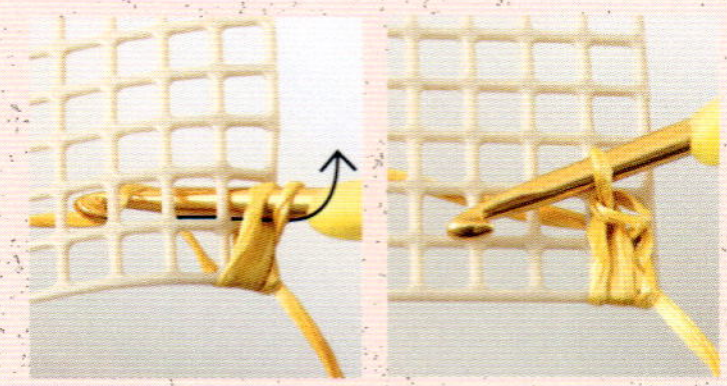

4 将钩针插入与步骤1相同的格子里，在针上挂线后引拔。1针短针完成。按相同的要领，继续钩短针。

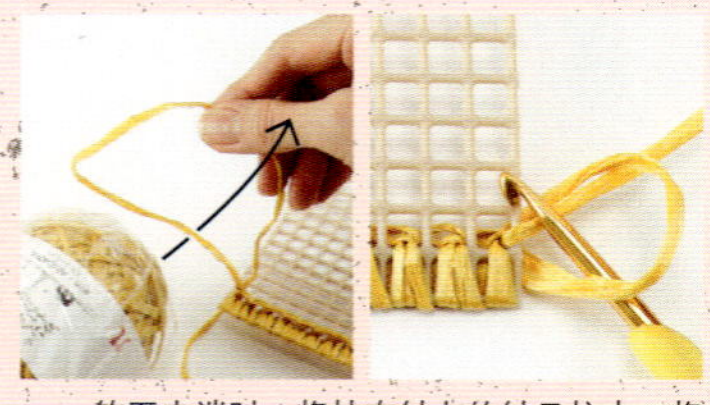

5 钩至末端时，将挂在针上的针目拉大，将线团穿过该针目后翻至反面。在线圈中插入钩针后拉紧线圈。像这样，钩织时总是将线放在网格片的后面。

钩反面行

6 在往上第2个格子里插入钩针，挂线后引拔（1针锁针的立针）。

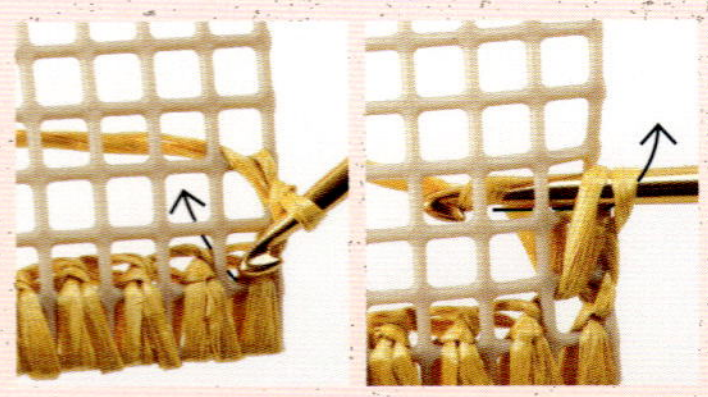

7 在前一行短针的头部里插入钩针，钩短针。

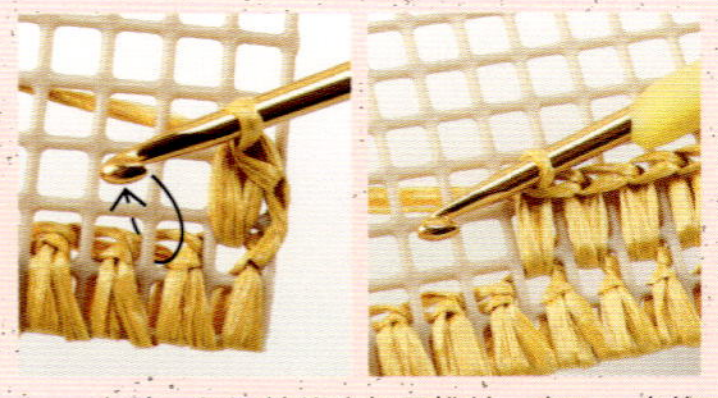

8 在前一行短针的头部里挑针，在下一个格子里插入钩针，钩短针。

从正面钩第2行的情况

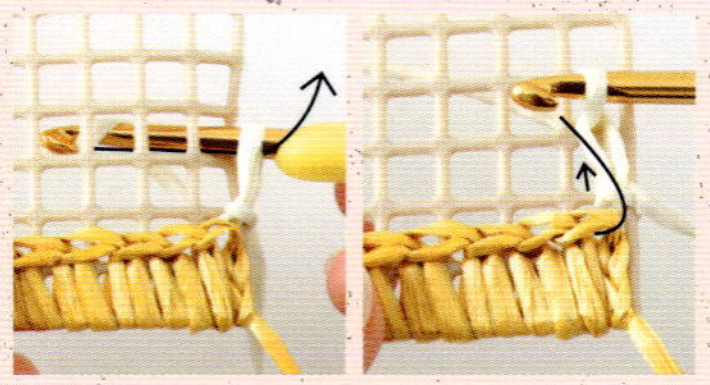

6 第1行短针与步骤1~4钩法相同，结束时与步骤5一样，将线团穿过线圈后直接拉紧。第2行不用翻转织物，接另线，钩1针锁针的立针，在前一行短针的头部里挑针。

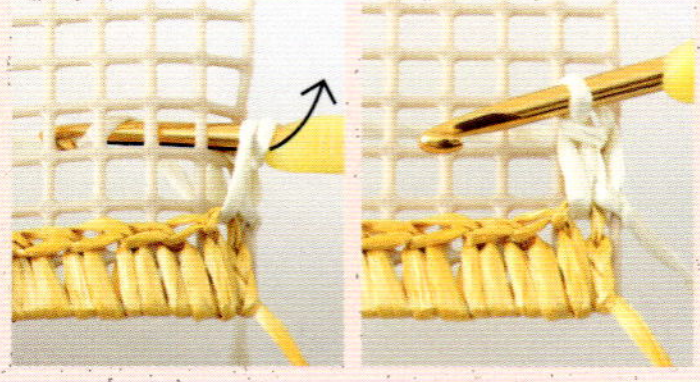

7 钩短针。

将网格片剪成细条后使用

（p.24竹篮结构的手提包织带的编织方法）

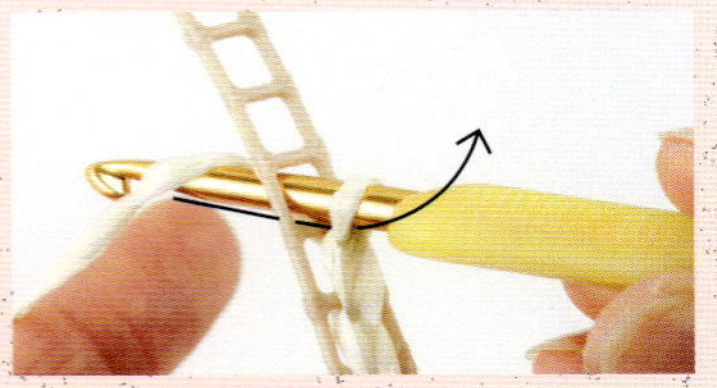

1 将网格片剪下1格宽的长条，在上面钩引拔针。

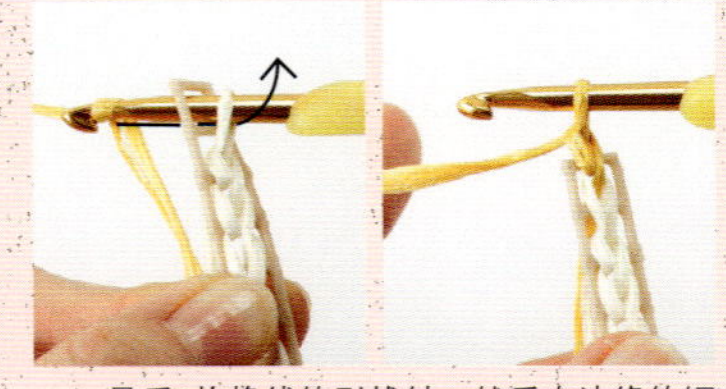

2 最后1格换线钩引拔针，然后在边缘钩短针。

3 像这样，在网格的两侧钩短针。

网格片的剪切方法

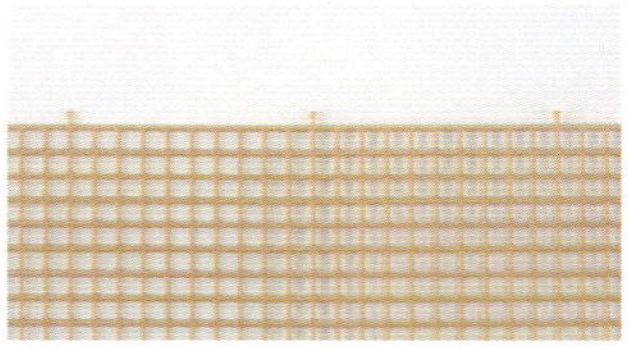

1 Amiami网格片每10个格子就有一个记号。根据需要的大小剪下即可使用。

2 沿着网格的交界处剪下。右图中左侧的是剪下备用的网格片。网格片的边缘要修剪整齐。

作品中使用的材料

剪切成型的网格片（H200-601）
剪切后的Amiami网格片。
有黑、白2色。
有22.5cm×60cm(30格×81格)，12cm×21cm(16格×28格)2种规格。

Amiami网格片（H200-372）
塑料材质的网格片，可在上面进行钩织。
1个格子的内边长约为6mm，使用时剪下所需大小。
全3色：白色（半透明）、黑色、米色。
45.5cm×75.5cm(61格×101格)

eco-ANDARIA-crochet
粗细为eco-ANDARIA线的一半。
经过韧度强化加工后，具有良好的弹性和硬度。
全7色　30g/团　约125m

eco-ANDARIA
人造纤维100%，使用木材纸浆等天然成分纤维制成的环保线。
弄脏后也可以干洗。
全49色　40g/团　约80m

FROM FINLAND

超级可爱！
姆明的编织玩偶

姆明谷的那些人气角色都变成了编织玩偶。
送给编织爱好者无限的惊喜！

MUKAVAT MUUMIAMIGURUMIT by Laura von Knorring © Moomin Characters™

欢迎来到姆明的世界！

CHECK IT UP!

《姆明的编织玩偶》

在姆明的故乡芬兰，超可爱的姆明编织玩偶的书出版后大受欢迎。以纸艺的姆明谷为背景，一个个故事中的角色陆续登场，他们可爱的世界观无疑会让所有人为之着迷。当然，正如图片所示，编织玩偶栩栩如生，非常逼真。

这本书提供了姆明（Moomin）、亚美（Little My）、史力奇（Snufkin）等11个角色的编织方法。虽然编织方法不是符号图解而是文字说明，但是有很多图片，很容易理解，只要按照说明进行编织就能自然成形。

可爱的姆明也将会继续受到大家的关注。来动手制作一个哪里也买不到的、只属于自己的姆明吧！

WOW!

sumie的饰带应用
梭编蕾丝的小饰物

据说梭编蕾丝曾经深受欧洲贵妇人的喜爱。
此次，按照同一张梭编图解，用3种不同粗细的蕾丝线进行了编织。
一起用小小的梭编器（一般简称梭子）制作纤细可爱的小饰物吧！

摄影：Ikue Takizawa Noriaki Moriya (p.30、p.31) 造型：Kana Okuda (Koa Hole)
发型和化妆：Yuriko Yamazaki 模特：Lindsey 设计：sumie
撰文：Sanae Nakata

※ sumie的简介请参见p.39。

幸运草手链

用白色蕾丝线梭编基础饰带，制作优雅的手链。
奢华的轮廓，更加增添了手部的柔美感。

使用线／DMC Special Dentelles #80

在饰带的两端装上细链子，制作成手链。

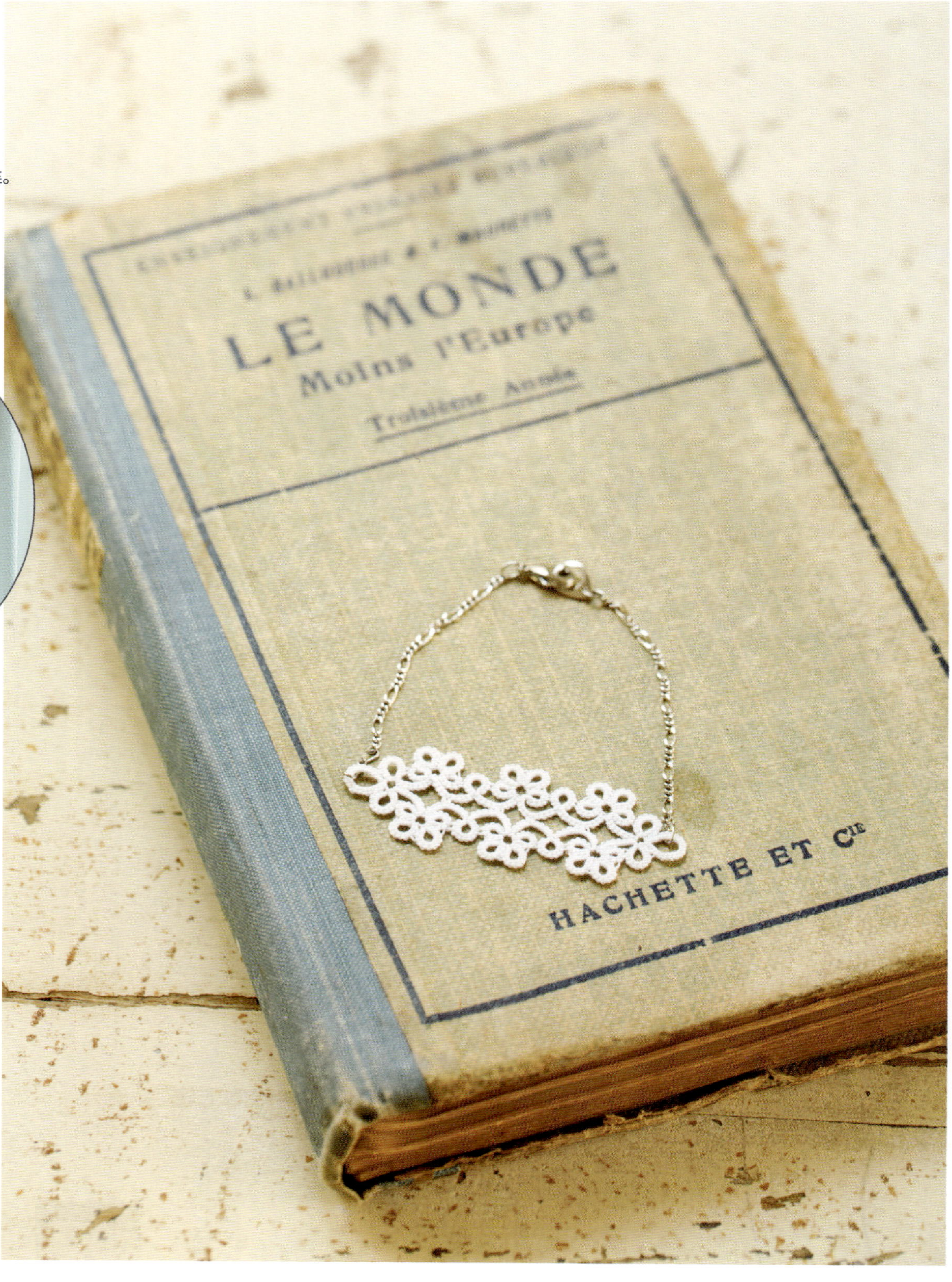

四片叶子的幸运草

梭编蕾丝制作完成的幸运草。
增加幸运草的个数可以调整作品的整体长度。

幸运草发带

稍宽的饰带，镂空花样既可爱又迷人。
如果使用粗一点的蕾丝线，
即使初学者也可以轻松挑战。
春夏季节用来装饰发型，也不错吧。

使用线／DARUMA手编线　蕾丝线 #30葵

用橡皮发圈连接饰带两端，可以比较紧地固定头发。

幸运草装饰链

重复梭编幸运草制作完成的轻盈装饰链，
挂在胸前，轻轻地摆动。
百搭的原色，非常实用。

使用线／Olympus　金票 #40蕾丝线

淡粉色非常甜美。
如果搭配无领的衣服，
围上两圈增加层次感，也非常漂亮。

○＝环　▷＝编织起点
‿＝渡线　►＝断线
0＝装饰小环
|＝连接装饰小环

梭编图解

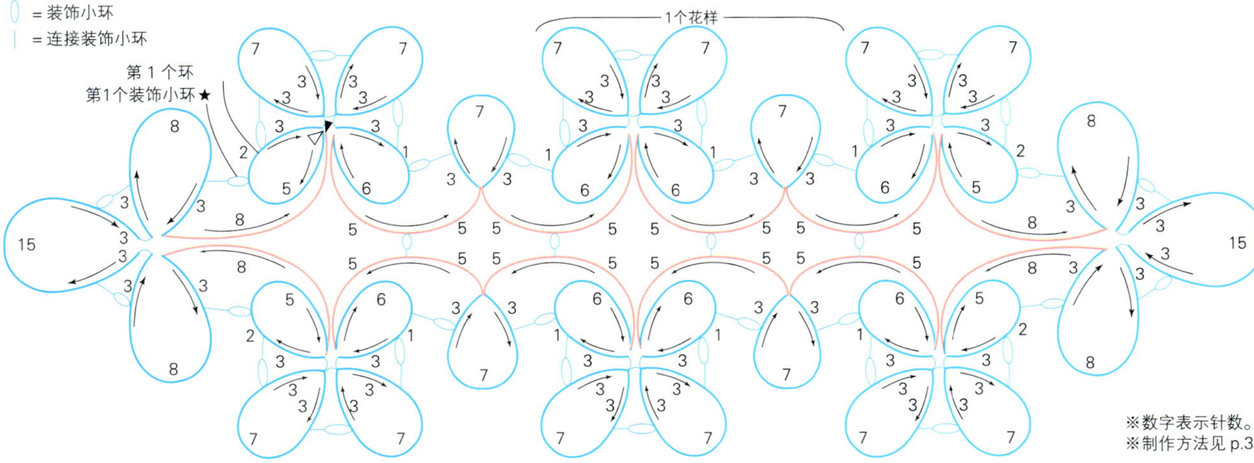

※数字表示针数。
※制作方法见 p.30。

※渡线也称为“桥”，装饰小环也称为“狗牙针”。

制作方法

幸运草手链

使用线：DMC　Special Dentelles #80，白色（B5200）少量
中间的花样数：3个花样
成品尺寸：宽2cm，长5.5cm（不含金属配件）

幸运草发带

使用线：DARUMA手编线　蕾丝线 #30葵，杏粉色（3）6g
中间的花样数：14个花样
成品尺寸：宽3.7cm，长38.5cm（不含发圈）

幸运草装饰链

使用线：Olympus　金票 #40蕾丝线，浅米色（731）或者淡粉色（101）各14g
中间的花样数：68个花样
成品尺寸：宽3cm，长137.5cm

一起来制作梭编蕾丝的饰带吧！

梭编蕾丝的基础是"double stitch（双重结扣）"，由下针和上针构成1针。
让我们一边编织花样，一边练习梭子的操作方法吧。

准备阶段

材料

梭编器（梭子）1个
蕾丝线（此处使用的线是Olympus Emmy Grande）少量
黏合剂（用于处理线头）
剪刀

在梭子上绕线

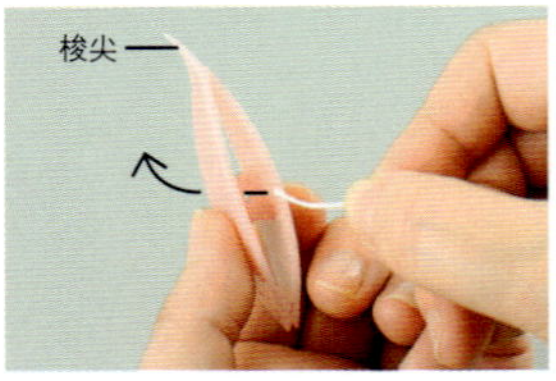

1 左手拿梭子，右手将线穿过中心的小洞。

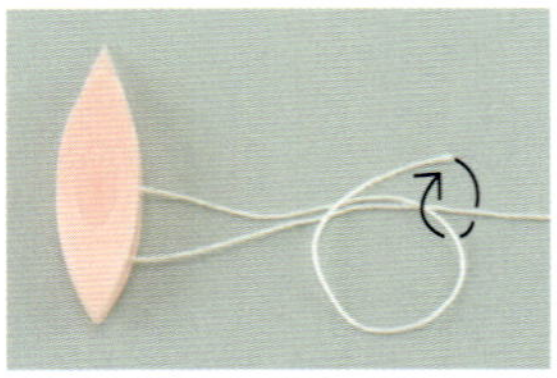

2 将线从梭子中间穿至右侧，用线头做一个线环。然后，如箭头所示，将线头从线环里穿过后拉紧，打一个结。

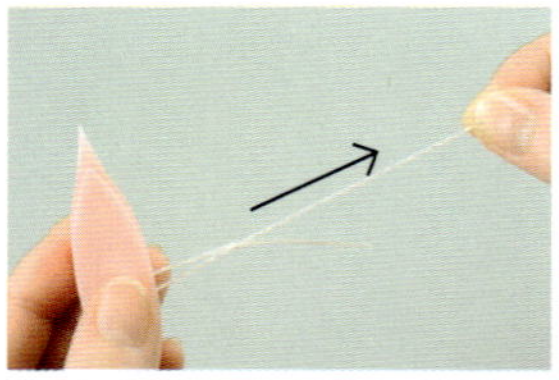

3 打完结后，拉动线团一侧的线，将线结移至梭子的中心。剪短线头。

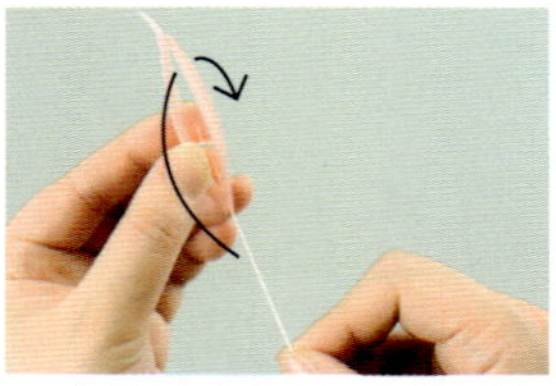

4 将梭尖朝向左上方，竖着拿住梭子。将线从前往后均匀地绕在梭子上。

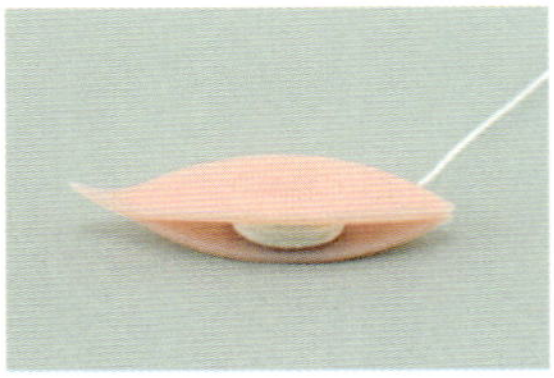

5 绕线完成的状态（绕线量不要超出梭子边缘）。将线剪断。
※制作装饰链和发带时，提前准备2个或3个绕好线的梭子，操作起来会更加方便。

梭子的拿法

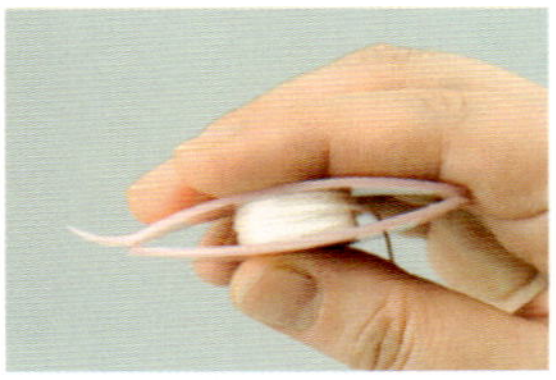

6 梭尖朝上，用右手的拇指和食指夹住梭子。线垂在小指一侧。

\sumie独创/ 左手的挂线方法

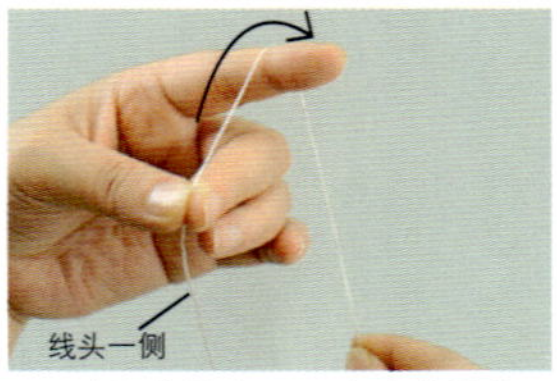

7 在距离线头10cm左右的地方，用左手的拇指和中指捏住线。先将线挂在食指上。

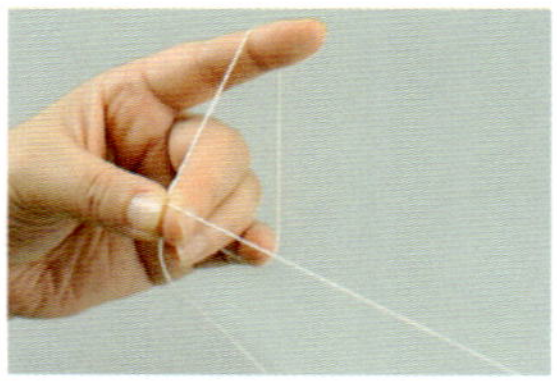

8 然后将线挂在小指上，这样绕1圈后，用拇指和中指捏住。

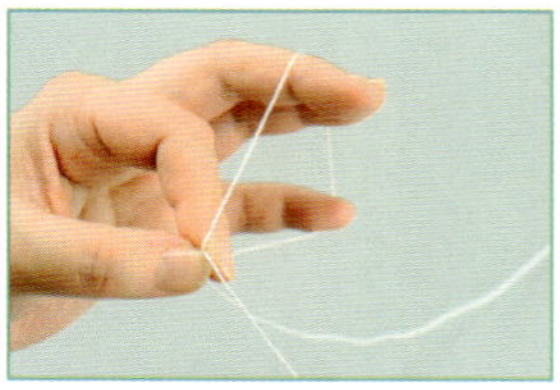

也可拇指和食指捏住线，把线挂在中指和小指上。选择方便操作的方法即可。

制作第1个花片的环

※为了方便理解，此处梭子一侧的线和左手一侧的线用不同颜色加以区分，实际操作时使用的是同一条线。

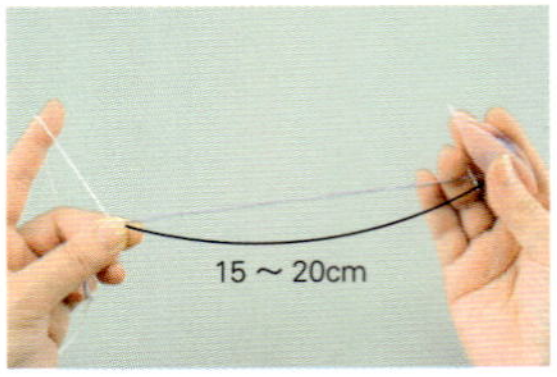

9 首先，制作第1行的环。从左手捏线的地方到梭子之间留出15~20cm的长度。

编织下针

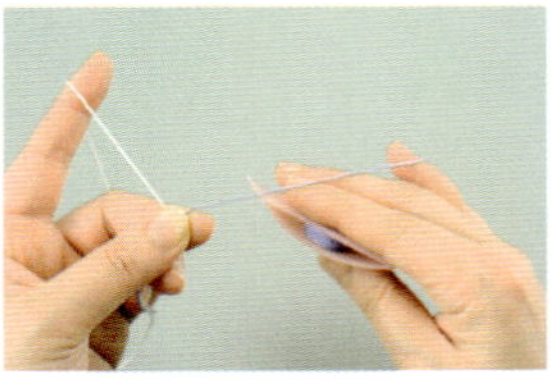

10 沿着小指一侧的线转动右手手腕，使线挂在手背上。

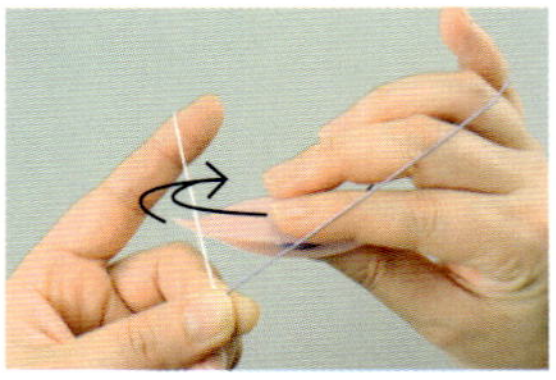

11 将梭子从左手的线下穿过去（此时，右手的食指从线的上面滑过），再如箭头所示从线的上面穿回来。

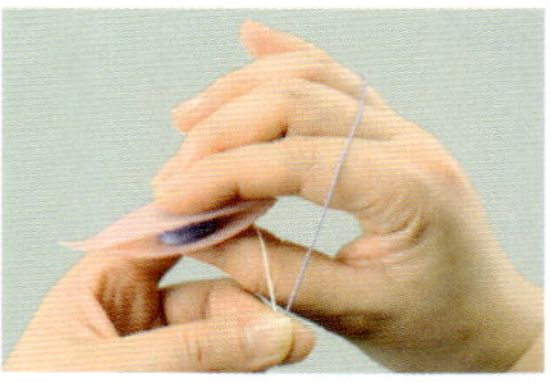

12 穿回来时，线从梭子和右手的拇指之间穿过。

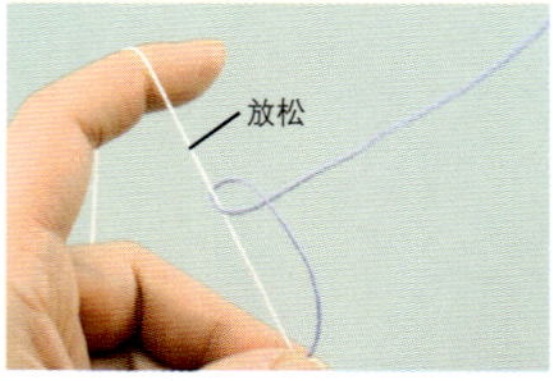

13 直接拉梭子，梭子一侧的线就绕在了左手的线上。如图所示，稍稍放松挂在左手上的线。

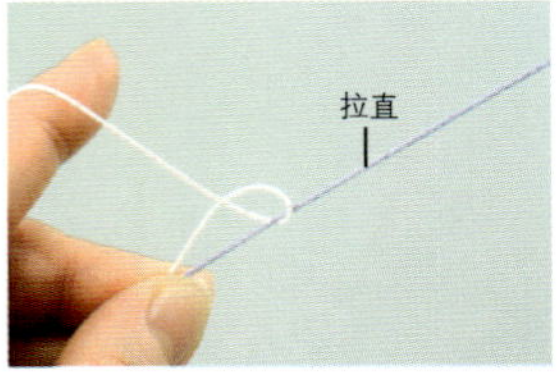

14 同时拉紧梭子一侧的线。此时，与步骤13相反，梭子一侧的线变成了芯线，左手的线则绕在芯线上。这叫"移针"。

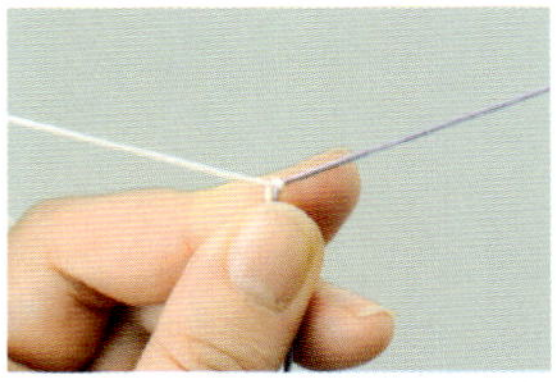

15 将刚才所移的针目移动到左手的拇指和中指捏住的位置，下针完成。

编织上针

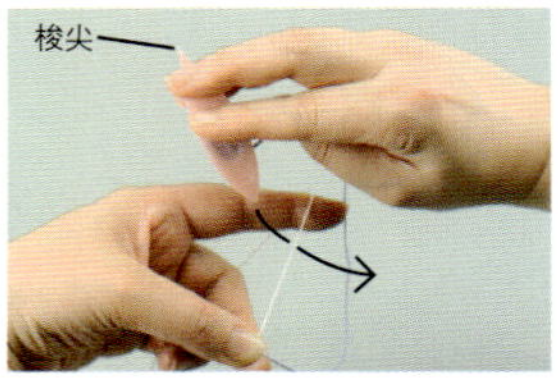

16 接下来制作上针。用左手捏住下针，没有梭尖的一头朝下，将梭子从上往下穿过左手上的线。

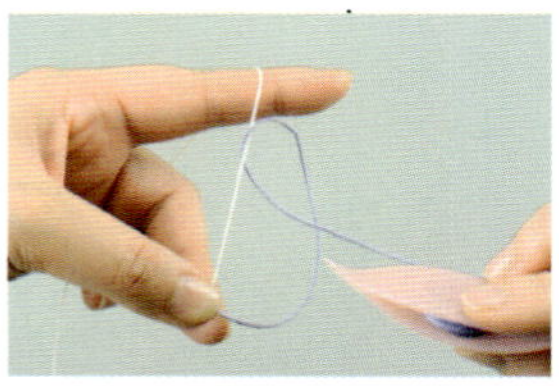

17 梭子一侧的线绕在了左手的线上。与步骤13、14一样，一边放松左手的线，一边拉直梭子一侧的线，进行移针。

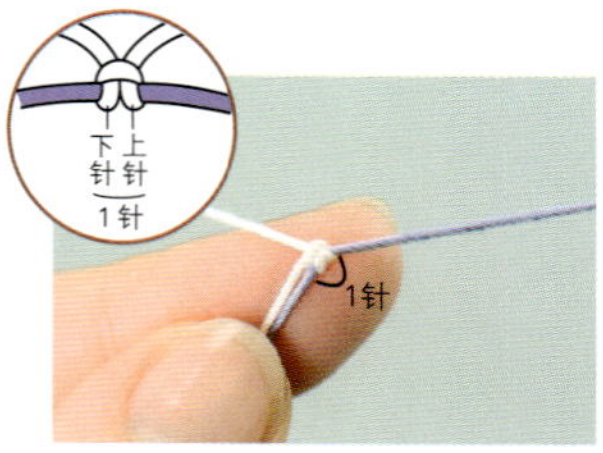

18 将该针目移到下针的旁边。此时的状态是以梭子一侧的线为芯，上面绕着下针和上针。至此，第1针完成。

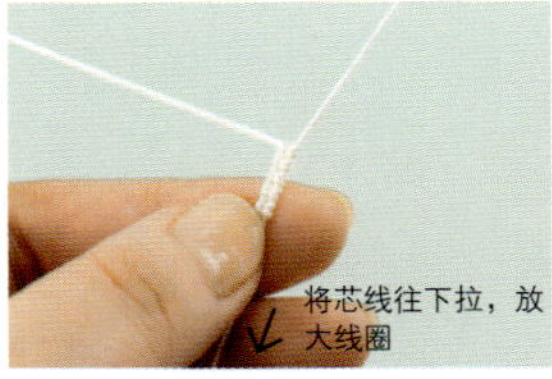

19 重复步骤10~18，编织5针。当左手线圈的线变短时，将线圈的芯线往下拉，可以放大线圈。当右手的线变短时，从梭子里将线放出。
※从这一步骤开始，线的颜色恢复为1种颜色，即原色。

编织第1个环的狗牙针

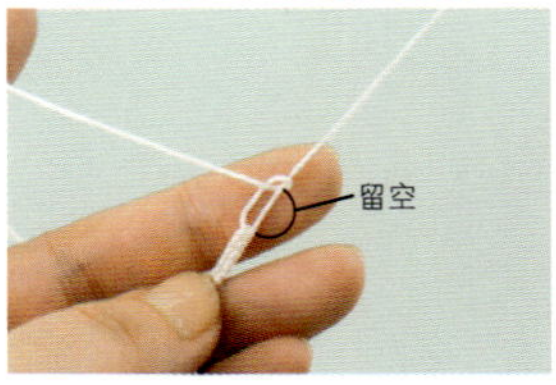

20 编织第6针时，留出一点空间后制作下针（使用p.29的#30蕾丝线时留出0.8cm，使用#40蕾丝线时留出0.6cm，使用#80蕾丝线时留出0.4cm）。

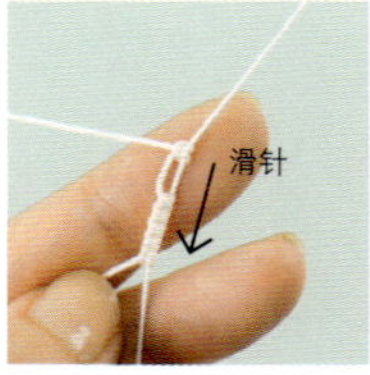

21 接着制作上针。完成1针后将该针目滑到第5针旁边。狗牙针完成（高度为步骤20中预留长度的一半）。狗牙针（★）完成的同时，也完成了1针。

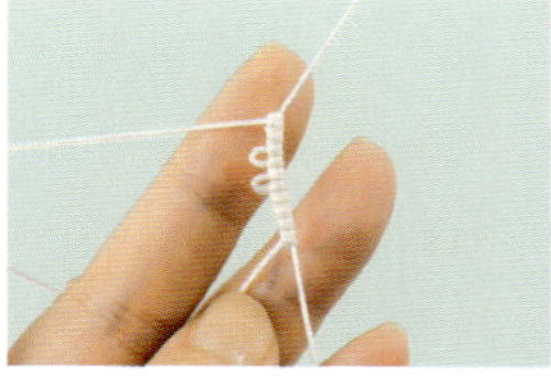

22 接着制作"1针、狗牙针、3针"。

所谓梭编器…

这是一种船形的绕线工具。在梭编器上绕好蕾丝线，编织结扣。一端有梭尖的梭编器可以用梭尖将线从狗牙针中拉出，或者用梭尖解开编好的针目。

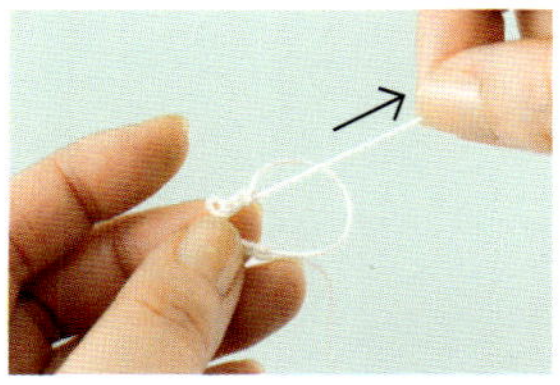

23 一共完成“5针、狗牙针、2针、狗牙针、3针”后，拉梭子一侧的线，拉紧后，前面制作的针目呈环状。

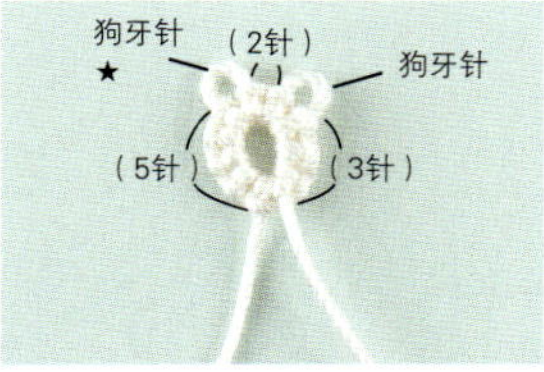

24 加入2个狗牙针的环制作完成。

制作第2个环的狗牙针

25 接下来，从第1个环的根部开始编织3针。

与第1个环的狗牙针连接（连接狗牙针）

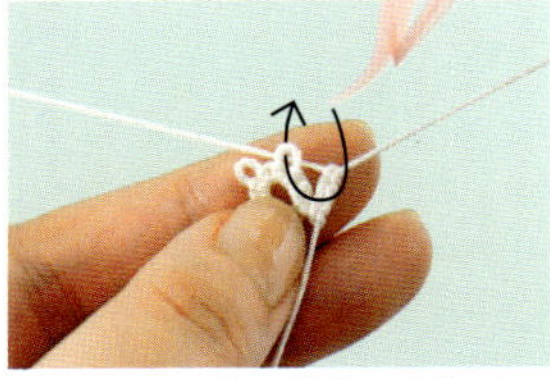

26 然后，使用梭尖，从第1个环的第2个狗牙针中挑取左手的线。

27 将线拉出。此时，不要松开左手的线。

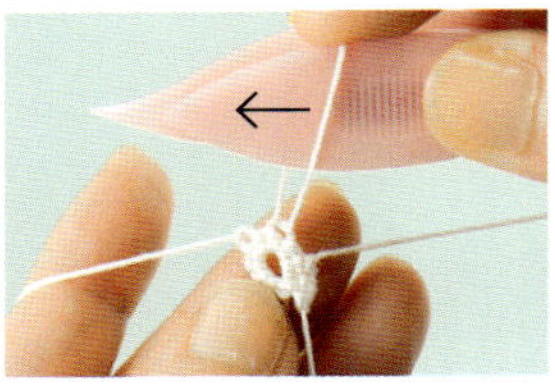

28 将梭子穿过拉出的线圈。

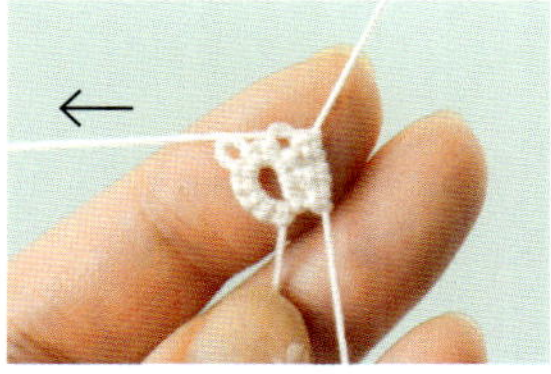

29 拉线，收紧穿过的线圈。与第1个环的狗牙针连接完成。

30 接着制作“7针、狗牙针、3针”，与步骤23的制作要领相同，拉紧线使其呈环状。

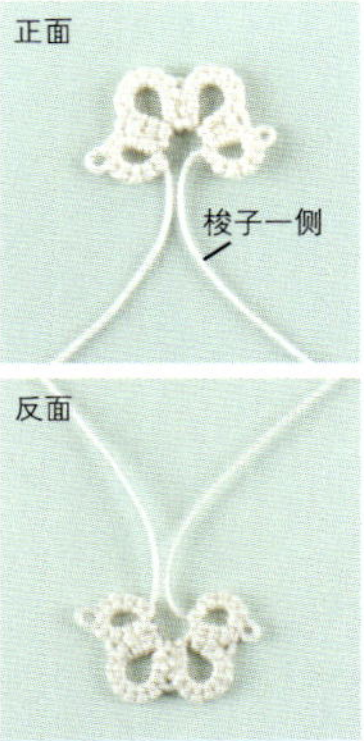

31 参照图解，按相同的要领制作第3、4个环。完成4个环后，翻至反面。

看着反面制作桥

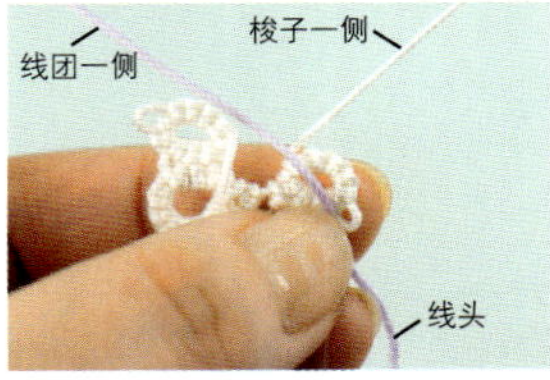

32 在将环翻至反面的状态下，再放上新线团的线。

※从这一步骤开始，为了方便理解，桥的线（新线团的线）用别的颜色表示。

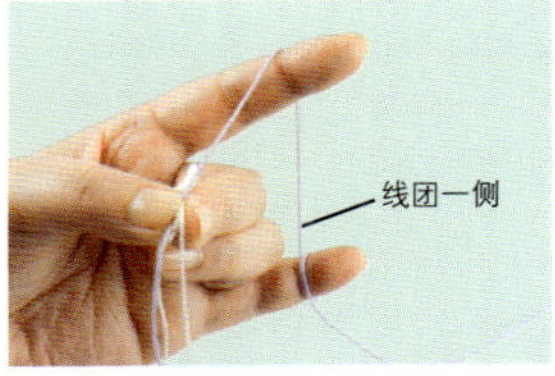

用拇指和中指捏住线团的线头，在食指上挂线后，在小指上绕2圈，以防滑落。将梭子的线拉出15~20cm后拿好。

33 按步骤10~20的要领，制作“5针、狗牙针、5针”。桥制作完成后，将环翻至正面。

※制作环时，将梭子的线挂在左手上；制作桥时，将线团的线挂在左手上。

继续制作花样

34 用拇指和中指捏住桥的最后一针。然后，将梭子的线挂在食指和小指上，绕1圈后用拇指和中指捏住。

※线团一侧的线垂在下方，休线备用。

35 按步骤25~30的要领，一边与前一个环的狗牙针连接，一边制作下一个环。

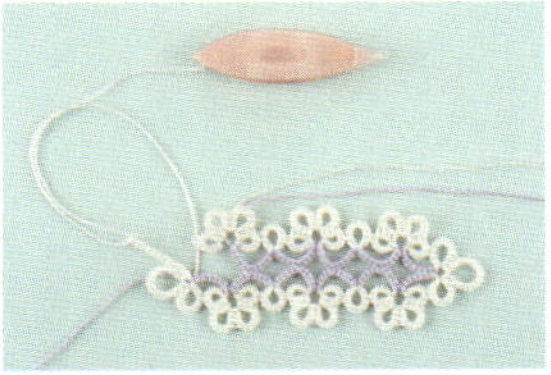

36 按相同的要领，翻至反面制作桥。一直编至第8个花样最后一个环的“3针、连接狗牙针、8针”的位置。

※各个花样的狗牙针的针数和桥的针数请参见图解。

连接最初和最后的环

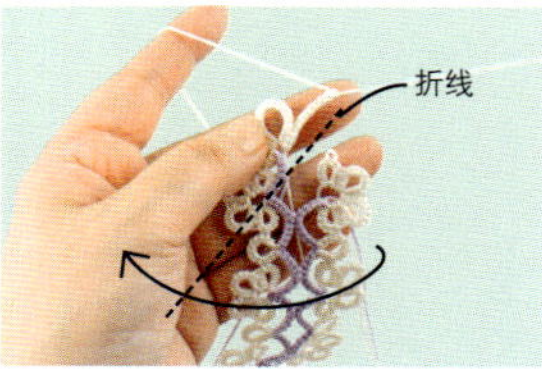

37 与第1个花样的第1个环的狗牙针连接时，为了不让针目扭转，如图所示，沿着折线往前折叠织物。

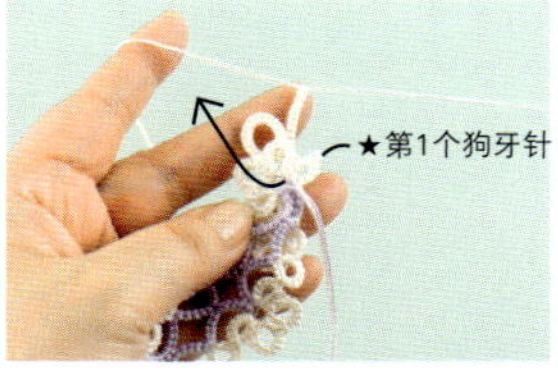

38 如箭头所示折叠第1个环，将狗牙针（正面）置于上方。

39 从第1个花样的第1个环的狗牙针中将左手的线拉出。

40 将梭子从步骤39拉出的线圈中穿过，然后拉紧。

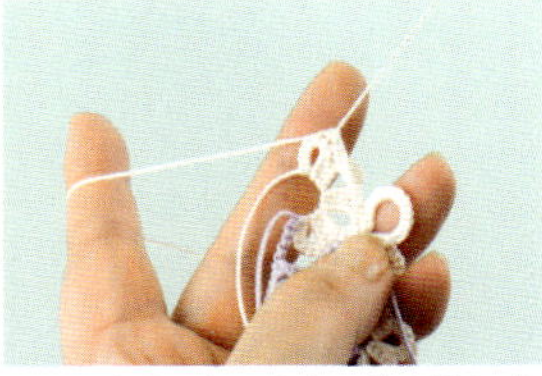

41 与第1个环的狗牙针连接完成。

※当梭子的线用完时，在环的制作起点或终点打结接线，注意不要让线头散开。

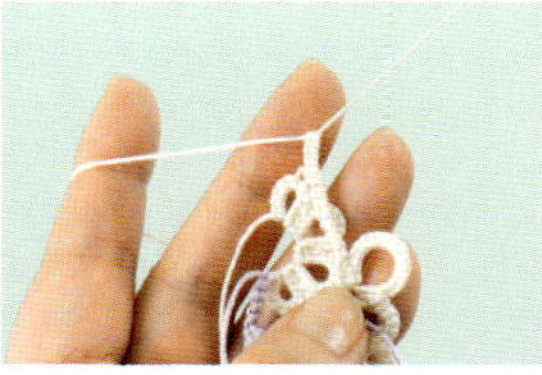

42 接着制作3针，将刚才折叠的地方展开。

43 拉梭子一侧的线，收紧线环。

44 线环收紧后的状态。

45 制作最后的8针的桥。

处理线头

46 在饰带的反面将线打结。先绕1次打第1个结，再绕2次打第2个结，线头就很难散开了。

※梭子的线与梭子的线打结，线团的线与线团的线打结。

47 在线结处涂上黏合剂，等干了以后剪掉多余的线头，饰带就制作完成了。（从正面看，花样的环是针目正面，而桥是针目反面。）

工具提供 / Clover

亚麻线编织的蕾丝袜

最近，袜子作为时尚单品备受瞩目。
在编织爱好者中，越来越多的人迷上了“袜子编织”，
希望更多地享受编织春夏袜的乐趣。
为了响应大家的呼声，
下面介绍用亚麻线编织的袜子，
镂空的花样让人感到丝丝凉意。

摄影：Yukari Shirai, Makiko Shimoe (p.34、p.35) 造型：Megumi Nishimori
设计：Kayomi Yokoyama 撰文：Sanae Nakata

蕾丝袜

锯齿形的镂空花样和双色的配色是这款作品的亮点。
袜跟的编织方法与袜头的减针相同，不需要很难的技巧。
使用的线是100%亚麻的空心带子纱。
一想到穿上袜子的随意和可爱，
就不由得想要马上动手编织。

基础色(3)粉红色+配色(2)灰色

基础色(4)姜黄色+配色(2)灰色

姜黄色推荐搭配传统的、中性风格的对比色。
低调的粉红色可以在成熟、简约风格中增添一份甜美。

选择自己喜欢的颜色进行搭配!

袜跟部分放在后面编织

这款袜子的设计是在最后挑针、环形编织袜跟部分。
因为没有“往返针”的编织难关，所以可以轻松完成。
而且，如果袜跟弄脏或者破了一个洞，也可以拆掉重新编织。

漂亮的镂空花样

很像连续的小树图案的镂空花样是“挂针”和“中上3针并1针”的组合。
中上3针并1针的纵向线条清晰、整齐。
考虑到穿着的舒适度，袜底部分编织下针。

蕾丝袜

材料与工具

Hamanaka Dear Linen 绿色（5）35g，灰色（2）10g

棒针 4 号（5 根针一组）、2 号（用于袜跟的挑针）

成品尺寸

袜底长 21cm，袜筒长 19cm

编织密度

10cm×10cm 面积内：编织花样和下针编织均为 30 针，40 行

制作要点

●用手指挂线起针法起 60 针。参照图解和 p.34，织 7 圈边缘编织，然后按编织花样织 54 圈。在袜跟位置编入另线。继续按下针编织和编织花样编织 48 圈。接下来，换线后编织袜头部分，一边减针一边织 18 圈下针。袜跟部分，拆掉另线后从上、下两边挑取针目，一边减针一边织 18 圈下针。袜头和袜跟的编织终点做下针缝合。

左脚 参见图解

4号棒针

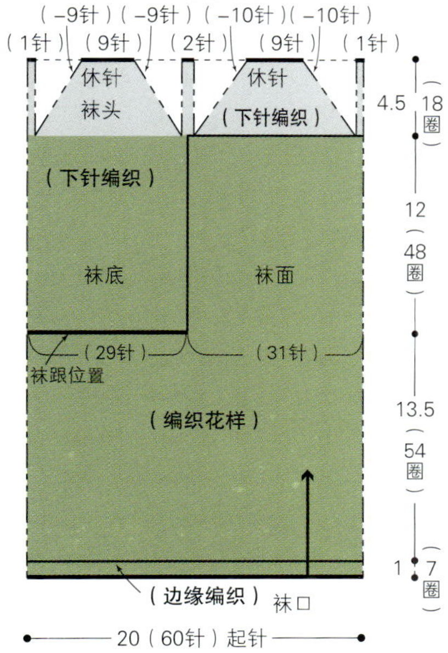

※右脚与左脚对称编织。

袜跟（下针编织）参见图解

4号棒针

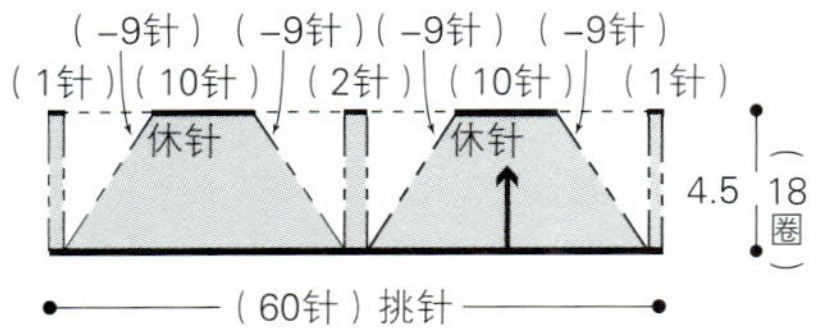

完成图

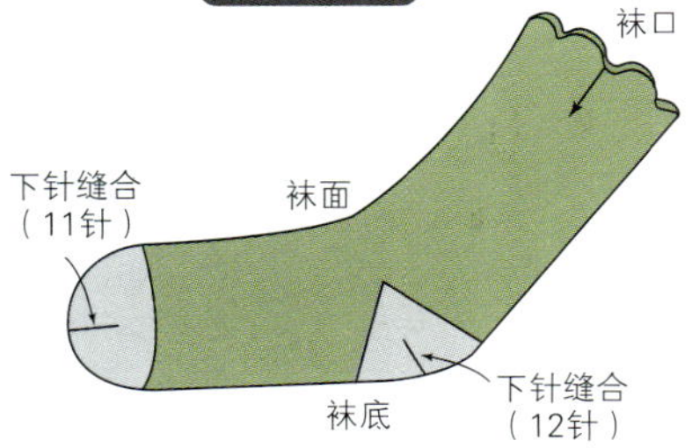

左脚

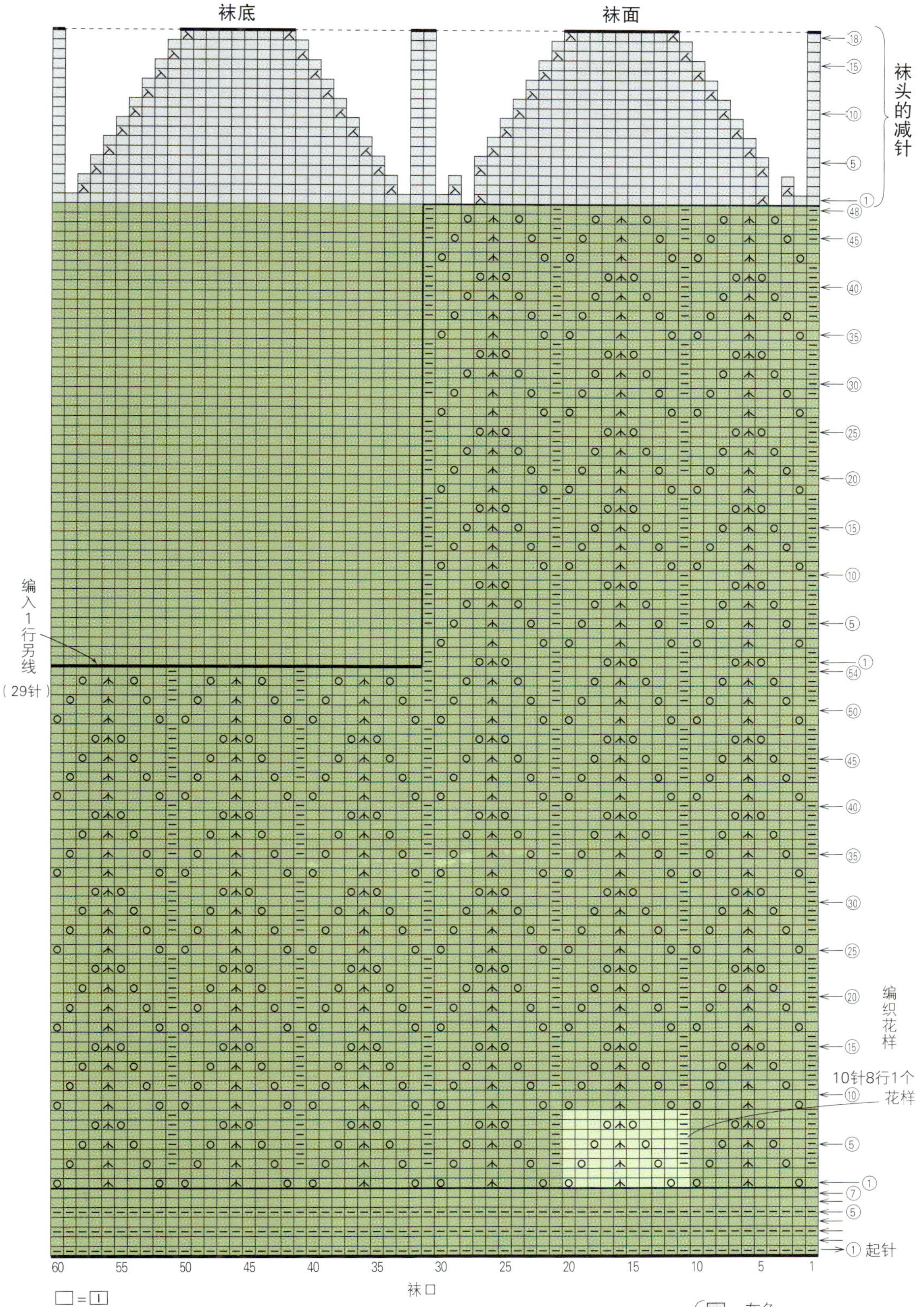

袜跟的减针（左脚）

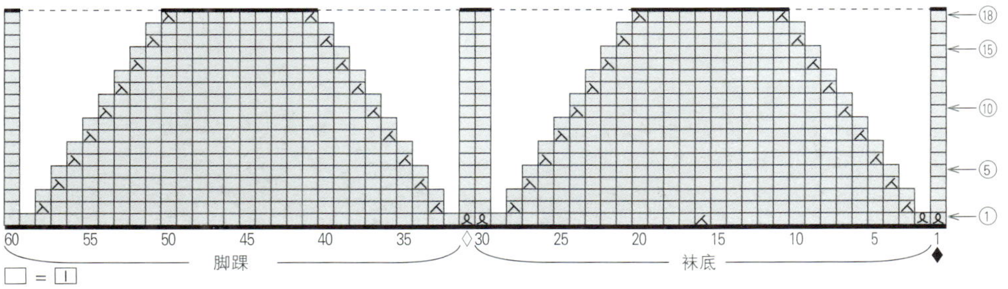

一起来编织蕾丝袜吧！

用亚麻细线编织的袜子，主体部分重复编织相同的镂空花样，容易记忆。
简单的设计，即使初学者也能轻松学会。
袜头和袜跟的减针部分使用5根棒针编织，完成后非常漂亮。

※图解请参见p.33。　　※下面是左脚袜子的步骤分解。
※关于棒针的拿法、手指挂线起针、基础针目的编织方法、下针缝合，请参见p.68、p.69的图解说明。

编织袜口

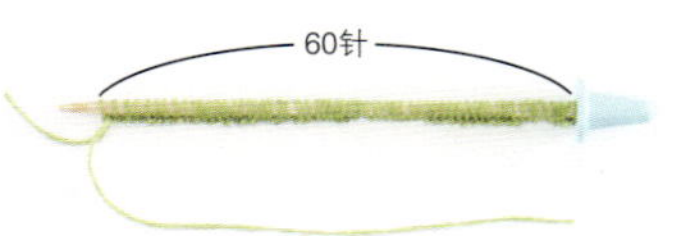

1 使用绿色线，预留70cm左右的线头（大约是想要编织长度的3倍），用1根4号棒针，手指挂线起针法起60针。起针的针目为第1行。
※起针稍微松一点。因为针目容易脱落，可以在棒针一端插上1个橡胶针帽。

下针 |

2 将步骤1中起好的针目翻至反面，如箭头所示插入棒针，挂线后拉出，编织下针。
※第2行为往返编织。

3 编织下针至最后。第2行完成的状态。

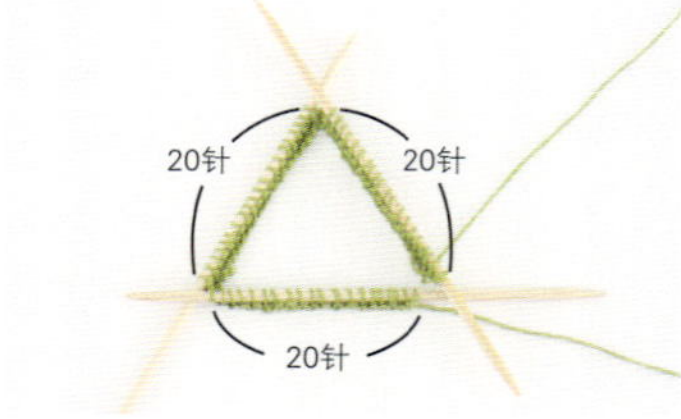

4 将针目平均分至3根棒针上，每根棒针上为20针。

上针 −

5 第3圈使用第4根棒针，从后面插入棒针，编织上针。
※从第3圈开始环形编织。

6 第3圈全部编织上针。第3圈完成的状态。

7 按照图解，重复编织下针行和上针行至第7圈。第7圈完成的状态。

编织镂空花样

挂针 ○

8 接下来编织镂空花样的第1圈。织1针下针，将线从前往后挂在右棒针上。

9 1针挂针完成。下一个针目织下针完成的状态。

中上3针并1针 ⋀

10 接着织2针下针。如箭头所示，将右棒针插入后面的2个针目里（前一圈的第5、6针），不织，直接将针目移到右棒针上。

11 下一个针目（前一圈的第7针）织下针。

12 用左棒针挑起移至右棒针上的2个针目，盖在刚刚编织的下针上。中上3针并1针完成。

13 按照图解，继续重复编织挂针和中上3针并1针，一共60针。第1圈完成的状态。

14 按步骤8~13的要领，编织至第8圈。第8圈完成的状态。
10针8行为1个花样。

15 按相同的要领编织至第54圈。第54圈完成的状态。

在袜跟编入另线

16 袜面、袜底的第1圈织完31针（★）后，绿色线暂停编织。从第32针开始换成另线，织29针下针（△~▲）。
使用顺滑的棉线等作为另线。

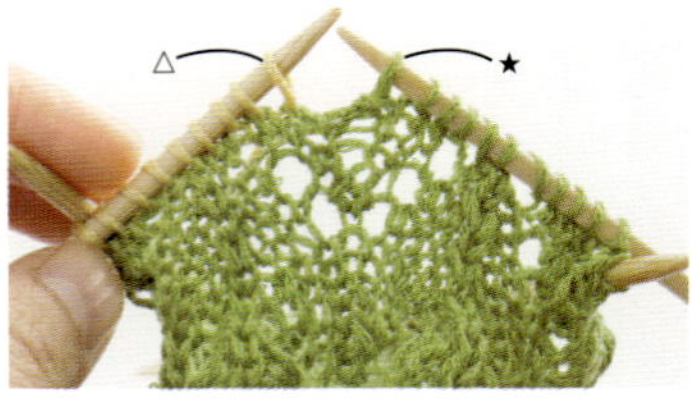

17 再回到△的位置，重新拿好针。

18 用刚才暂停编织的绿色线，在另线中织下针。第1圈完成的状态。

袜面

19 袜面的31针织镂空花样，袜底的29针织下针，一直编织至第48圈。第48圈完成的状态。

袜底

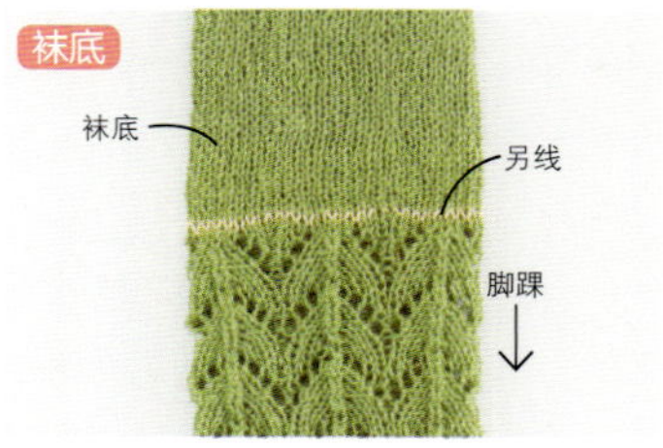

20 步骤19中完成的袜底。编入另线的状态。

编织袜头

21 将针目平均分至4根棒针上，每根棒针上为15针。

22 袜头的第1圈换成灰色线织下针。

左上2针并1针 ⋌

23 织3针下针，第4、5针如箭头所示插入右棒针，在2个针目里一起织下针。左上2针并1针完成。

24 继续织21针下针。

右上2针并1针 ⋋

25 接下来的2个针目织右上2针并1针，将右棒针从前面插入右侧的针目里，不织将针目直接移至右棒针上，左侧的针目织下针，将刚才移过来的针目覆盖至下针上。

26 剩下的针目全部织下针。袜头的第1圈完成的状态。

27 第2圈在指定的位置织左上2针并1针和右上2针并1针，编织至最后。第2圈完成的状态。

28 按图解，在袜面和袜底的左、右交界处分别织左上2针并1针和右上2针并1针进行减针，编织至第18圈。剩下的针目移至2根棒针上。第18圈完成的状态。编织结束时，留出约30cm长的线头后剪断。

29 将线头穿入缝针，下针缝合（p.69）袜头。

处理线头

30 将线头穿至反面，穿过几针同色的针目后，沿着织物边缘剪断。

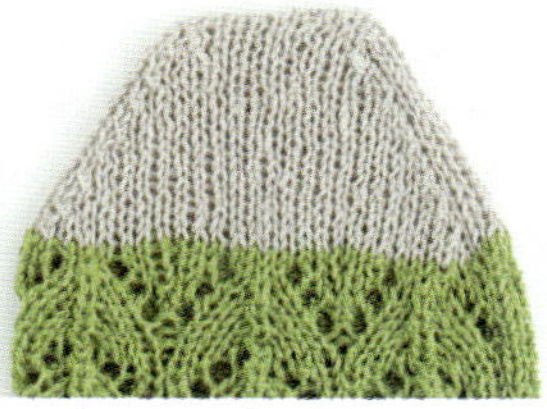

31 主体和袜头完成的状态。

编织袜跟

32 用2号棒针挑取镂空花样的另线下方的针目（脚踝）。

33 挑针完成的状态。棒针上的针目为29针。

34 挑取另线上方的针目（袜底）。两端另线旁边的半针也要挑针，棒针上的针目为30针。在镂空花样（脚踝）两端的针目与针目之间的横线处（◇和◆）加入记号圈（○和●），用于标记行数。

挑取针目

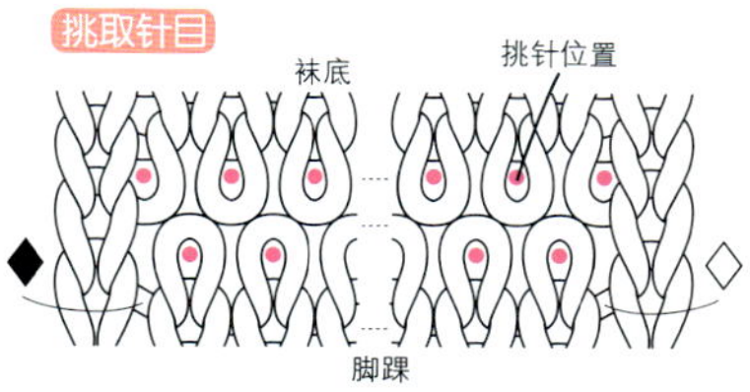

35 拆掉另线。

从一端小心地逐针拆掉另线。

36 换成4号棒针，将针目移至4根棒针上。

37 将记号圈●上的横线挂在左棒针上（◆）。

扭针 Q

38 在◆针目里从前往后插入右棒针，用灰色线挂线后拉出。第1针的扭针完成。

39 下一个针目也织扭针。

40 接下来，编织"13针下针、1针左上2针并1针、13针下针"，第2根棒针的最后一针（第30针）织扭针。

41 将记号圈○上的横线挂在左棒针上（◇）。

42 步骤41中所挂的针目织扭针。

从前往后插入右棒针，挂线后拉出，织扭针。

43 接下来，织下针至第4根棒针的最后一针。袜跟的第1圈完成的状态。

44 与袜头的减针要领相同 编织袜跟至第18圈。第18圈完成的状态。编织结束时，留出约30cm长的线头后剪断。

45 将线头穿入缝针，下针缝合剩下的针目，并处理好线头。右脚与左脚对称编织。

作品中使用的线

Dear Linen (Hamanaka)

100%亚麻的空心带子纱线，手感顺滑。
25g/团，约112m

贴近生活的编织

我的手作故事

拜访两位手工作者的工作室，我们看到了她们的生活方式和她们对手作的态度。
这次就向大家介绍两人放满心爱之物的工作室以及她们的创作理念。

摄影：Makiko Shimoe (p.36~p.38), Yukari Shirai (p.39~p.41) 撰文：Sanae Nakata

story 1

kirika

渡边理加

编织作家。从桑泽设计研究所毕业后，从事过广告设计的工作，后来才开始了编织。
现在的工作以参加各种活动和委托销售为主。

http://rika.chu.jp

喜欢日用杂货的理加女士经常用玻璃瓶和旧锅等收纳剩余毛线。

1 用于制作小饰物的蕾丝线，按颜色分类后收纳在抽屉里。
2 麻线编织的手提包是定做的。顾客可以从样品中自由选择包身圆点图案的颜色和里袋的布料花纹。使用的布料是设计师admi的原创棉布。
3 用于制作包包的麻线。听说曾经在网上采购了各种麻线，反复试织比较哪种更好用、哪个颜色更好看。

1

2

3

圆点图案的麻线手提包。如果搭配皮毛套子，则长年都可以使用，非常受人欢迎。

圆点图案的麻线手提包
是我的代表作

方便使用的简约外形，
圆点的对比色突出了手提包的个性。

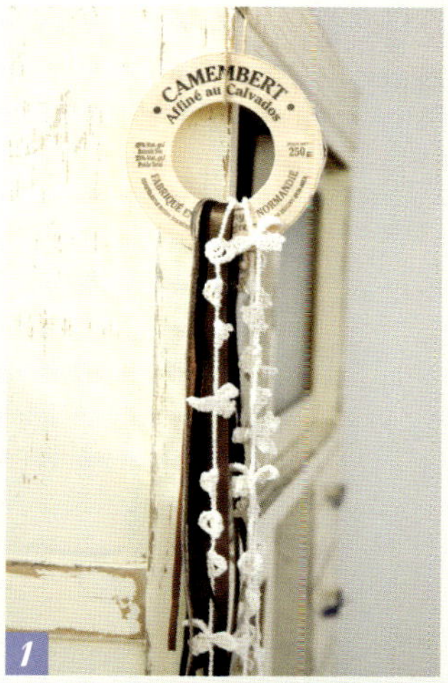

1 好像装饰链一样的挂饰，在活动等场合用作壁饰。
2 苹果形状的小物收纳盒和陈列的绘本。各种绘本是创作灵感的来源。

布与麻线制作的祖母手提包。
听说是大女儿纪理曾经很喜欢的手提包。

3 彩色麻线钩织的小物收纳盒，屋顶部分可以取下来。
4 用蕾丝线包住空瓶钩织的瓶套。

减法的设计理念

2楼放满旧家具的起居室就是理加的工作室。以白色为基调的房间，用手作小物和日用杂货随意地进行装饰后，变得非常温馨。

理加说："我是在2个孩子都上了幼儿园，有了更多自己的支配时间后才开始编织的，所以起步非常晚。我主要以钩针编织为主，编织方法是看了各种手工图书后学会的，所以是自学成才哟。"

话虽如此，理加毕业于设计专业，结婚前从事过广告设计的工作，所以手工制作的审美能力非常优秀。怎样才能编织出心里所构思的形状呢？不断地尝试、重复地编织可以说就是理加的独特方法。

"我在广告设计的工作中学到的是减法的设计。为了突出想要展示的内容，就要从过于丰富的设计内容中减去多余的部分。我很喜欢制作小饰物，为了制作出独具特色的作品，这一减法的步骤就非常重要。"

在每年参加2次的活动中，会经常碰到不同领域的手工艺作家，可以说是一个很好的灵感撞击的机会。理加说希望以后会继续创作出独特的小饰物，用艺术的视角进行创作则是今后的目标。

精致的褶边耳环。
金色的亮片使作品更显优雅。

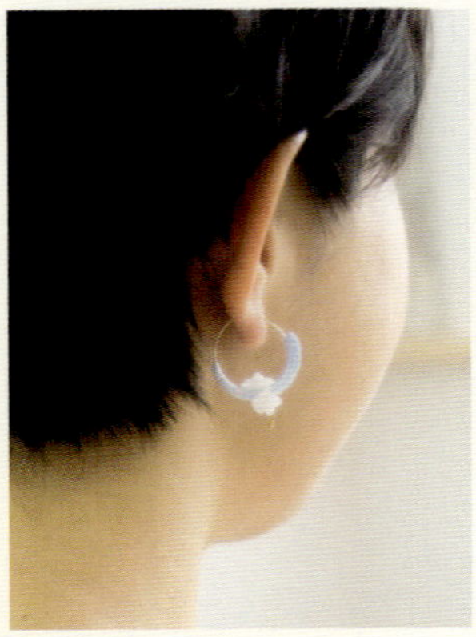

手工制作的耳环。
也非常适合与西服搭配使用。

在2楼起居室制作作品的理加。
"用麻线编织时比较费力，所以要像握汤匙一样紧紧地握住钩针。"

各有不同，才更为有趣。所以我不会制作相同的作品。

无论是制作作品时，还是摆放完成的作品时，
我都觉得设计越不同越有趣。

漂亮的小女孩，头部是胸针。
用衬纸制作的服装是理加手绘的。

Rika's knit item

手工制作的标签

附在作品上的标签和名片全都是手工制作的。理加说："原本这才是我的本职工作，所以比编织简单多了。" 作家名字中的"kirika"是她自己的名字（rika）和大女儿纪理的名字(kiri)的组合。

不仅仅是标签，也可以同样制作小饰物的衬纸等。规格就像市场上销售的一样。

理加把最喜欢的动物小山羊也描绘在了标签上。图中的羊毛毡也是她亲手制作的。

1

2

3

1 听说"小熊战队"里有很多这样的兄弟姐妹，他们身上的横条纹颜色各不相同。
2 钩针编织的育克部分、Liberty Print的小碎花身片组合完成的衣服。这是与布作家humu humu合作的作品。
3 喜欢蓝色的理加制作的发圈。细节处的有趣设计恰到好处，非常可爱。

希望更多的人了解
梭编蕾丝的魅力

看起来好像很难，其实只要学会基础的针法就没问题了。

story 2

O*Chouette

sumie

作品以梭编蕾丝为主，活跃于图书创作及参加各种活动。
同时以O*Chouette的品牌开设教室、经营博客以及销售商品等。
http://www.ochouette.com

1

2

3

1 工作室里的家具都非常雅致，是让人静下心来创作的空间。采访过程中，sumie也在熟练地操作着梭子。
2 梭编蕾丝中经常使用的DMC蕾丝线。60色装的盒子，兼具收纳和展示色样的功能，听说在教室也非常方便实用。
3 将梭编蕾丝装进相框里，放在窗边做装饰。黑色背景更加突出了花样。

很多都是小作品，不过每件作品都非常精致、独特。

作品都放在一个复古的玻璃柜子里。
上课时，有时会从这些作品中挑选出一个作为范例。

设计的过程是最花时间的

为了制作1个漂亮的花片，需要不断地尝试，确认针数和大小。

1 左边的挂坠是sumie的丈夫制作的木制品和梭编蕾丝的结合。右边是sumie的名片夹。
2 难度较高的花片小饰物，采用了特殊的编织方法。
3 听说梭编蕾丝在胸针和连镜小粉盒上的应用非常受欢迎。
4 梭编蕾丝围巾。这是为了参加活动而制作的一件大作品。

要想拓宽作品的创作思路，基本功非常重要

sumie开始接触梭编蕾丝是在2006年，在横滨举办的一次教学活动中很偶然地看到了梭编蕾丝。当时，sumie的作品素材以羊毛毡为主。她第一次看到梭编蕾丝时，就被它的纤细深深地吸引住了。

她很快就开始了学习，但是当时日语的教科书很少，她就买了好几本外文书作为参考。一边努力翻译，一边看着书上的图解，从基础开始一点一点地掌握了编织方法。

sumie的作品中，有的是将梭编蕾丝制作成小饰物，有的是与布料、皮革相结合制作成小物件，每件作品都充满了魅力。她说，除了享受制作蕾丝的乐趣外，更想思考如何应用这些蕾丝。于是，只要看到有可能与蕾丝结合的其他领域的手工艺，她都会马上去学习。譬如她给我们看的缝着梭编蕾丝的布盒子，是借鉴了北欧的“Æsker（刺绣布盒）”的技法制作完成的，是sumie的得意作品之一。

现在，sumie正在学习用钩针在高级礼服上做装饰的法国传统技法“lunéville反面刺绣”。相信不久的将来，我们就能看到这种刺绣技法与梭编蕾丝相结合的作品了。

工作室隔壁房间窗边的材料摆放台。

了解各种手工艺是梭编蕾丝创新的灵感来源

如果你觉得某种手工艺特别棒，就应该挑战试试。
这将会激发新的设计灵感。

1 将作品和活动的照片做成了纪念册。**2** 一部分资料书。右边的2本是梭编蕾丝第一人Jan Stawasz所写的外文书。

Sumie's knit item

用惯了的工具是最好的

制作梭编蕾丝基本上会用到1到2个梭子。sumie有很多相同尺寸的梭子。她说这些是为了同期制作多个作品或者使用多种颜色而准备的，不知不觉就越积越多了。

制作作品时有时会用到蕾丝钩针。她在钩针收纳袋外面加了一条梭编蕾丝饰带。

sumie的一部分进口梭子。

3 参考北欧的刺绣小布盒制作完成的作品。在平常刺绣的地方（中间的小窗）缝上了梭编蕾丝。
4 sumie制作的羊毛毡作品。淳朴的表情让人感觉很温暖。**5** 制作小饰物时，也可以使用彩色蕾丝线。

zubora knit with michiyo

连载

和michiyo一起编织！
懒人编织部

编织大花园的人气连载第4课的主题是“包芯编织的手提包”。
以牛仔布条为芯，用麻线编织的同时将其包在里面。
因为1行的高度较高，所以编织起来速度很快。
完成的作品也非常结实、耐用。

设计：michiyo 摄影：Ikue Takizawa 造型：Kana Okuda (Koa Hole)
发型和化妆：Yuriko Yamazaki 模特：Lindsey

michiyo

曾经做过服装、编织类的设计，从1998年开始成为编织作家。曾出版过《编织工房》《简单可爱的婴儿毛衣编织》等多本著作。她主办的编织沙龙每次都座无虚席，人气非常高。
http://michiyo.mabooo.boo.jp

浅口、横款的外形设计非常新颖。
因为袋口较大，提手短一点会更加方便携带。

第4课

包芯编织的手提包

有效利用牛仔布厂的边角废料制作而成的“DENIM NO MIMI（牛仔布条）”，无论颜色还是质感都非常可爱，我很早以前就开始关注了。如果直接拿来编织，作品会有点重，试了几次后决定用作内芯。牛仔布在麻线中间若隐若现，针目粗疏，很有夏天凉爽的感觉。只要会钩短针就能完成，而且1行的高度较高，编织起来速度会很快。结实耐用也是此款包包的一大亮点。

懒人要诀

❶1行的高度较高，可快速编织！
❷以牛仔布条为内芯进行编织，所以不加里袋就很结实！
❸只需钩短针，操作简单！

包芯编织的手提包的编织方法

※无论是DENIM NO MIMI（牛仔布条），还是JULIA（麻线），在编织过程中都会产生一定的灰尘，所以建议编织时戴上口罩。
※由于DENIM NO MIMI是绞状的，绕成线团后使用，编织起来会更加方便。因为会有碎线头掉出来，所以建议在室外戴上口罩后进行绕线。

材料与工具

Keito DENIM NO MIMI（牛仔布条）17m（1绞），Kortrijk Linnen JULIA 灰绿色160g

钩针10/0号、8/0号（用于钩提手部分）

记号圈，晾衣夹

成品尺寸

宽约44cm，深22cm

编织密度

10cm×10cm面积内：短针14.5针，9行

制作要点

● 主体部分用10/0号钩针钩编。用JULIA（麻线）钩25针锁针起针，从两侧挑取针目，一边将DENIM NO MIMI（牛仔布条）包在里面一边钩短针。牛仔布条对折后再使用。
● 钩短针时，将线拉得稍微长一点。行与行的分界处无须钩立针，连续环形编织即可。
● 编织结束时，将牛仔布条斜着剪断后钩引拔针。
● 提手部分用8/0号钩针钩短针。将牛仔布条夹在中间做卷针缝。
● 织物会有斜行现象，完成主体部分后确定好两端，从中央测量长度后缝上提手。

主体

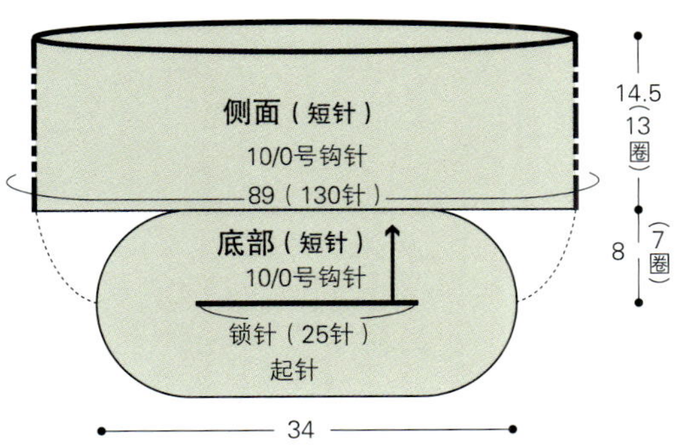

※底部和侧面的短针（＋）全部用JULIA麻线包住牛仔布条进行钩编。
（编织方法参见步骤详解）

提手（短针）

2条 JULIA
8/0号钩针

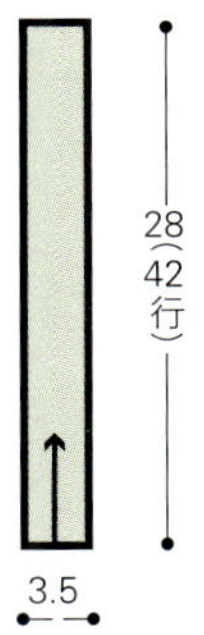

※编织起点和编织终点都留出50cm长的线头。

提手的组合方法

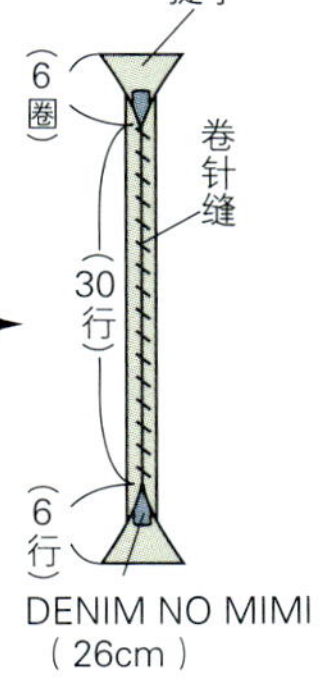

提手

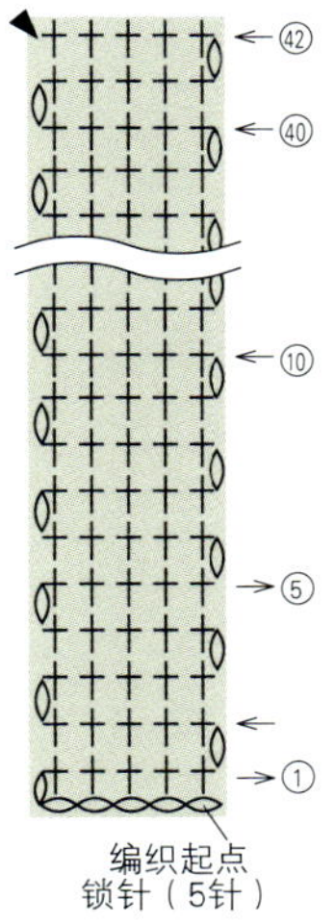

► ＝断线

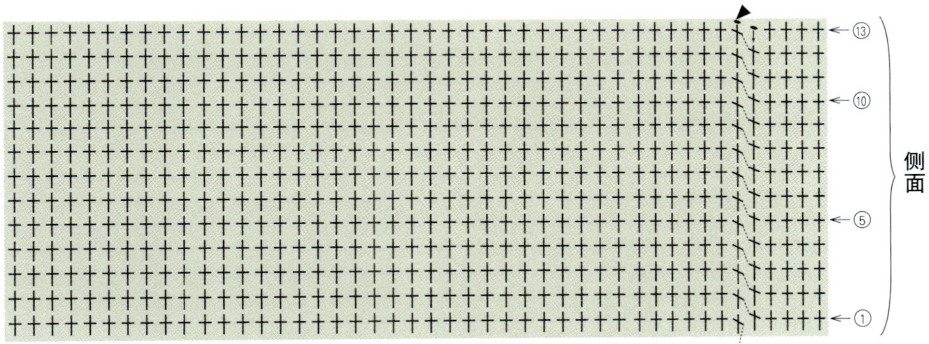

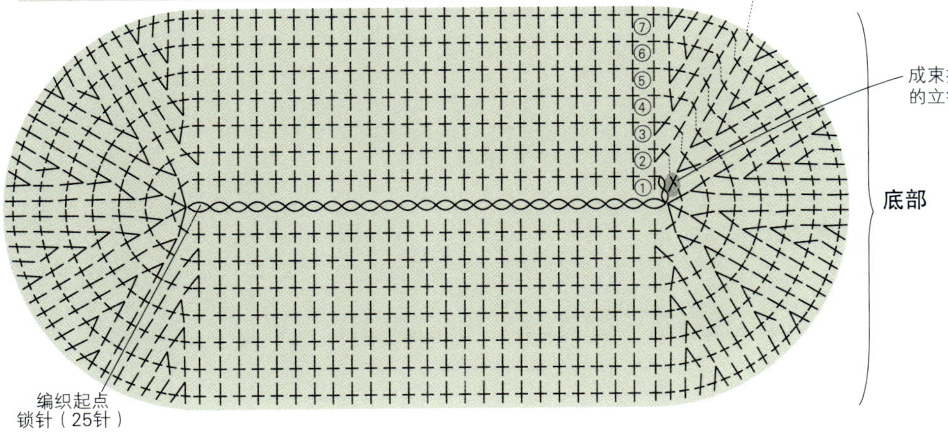

michiyo's secret

下面的颜色也不错

亮橙色
…明亮的色调，让人眼前一亮。在太阳底下，效果更佳。

天蓝色
…推荐钩编清爽的休闲风格。

棕色
…更显雅致、成熟。

※内芯都是DENIM NO MIMI（牛仔布条）。

针数表

	圈数	针数	
侧面	第1~13圈	130针	
底部	第7圈	130针	（＋12针）
	第6圈	118针	（＋12针）
	第5圈	106针	（＋12针）
	第4圈	94针	（＋12针）
	第3圈	82针	（＋12针）
	第2圈	70针	（＋12针）
	第1圈	58针	

完成图

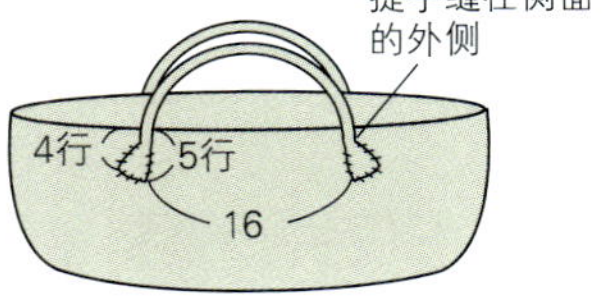

Point Lesson

编织要点讲解

编织方法非常简单，但是要将较硬的牛仔布条包在里面钩编，所以会有点累哟（笑）。
推荐使用有握柄的钩针，钩起来会轻松一点。

编织主体

1
用麻线（JULIA）和10/0号钩针钩25针锁针起针，钩得稍微松一点。

2
接着钩2针锁针作为立针（因为1行的高度较高），从起针的最后一个锁针针目的里山挑针，将线拉出时稍微拉长一点。

3
将牛仔布条对折，折痕朝下，放在线的中间，钩编短针的同时把牛仔布条包在里面。继续从第2针的里山挑针。

4
如图所示，将钩针插入里山，穿过牛仔布条的下方，挂线后拉出。

5
钩短针时，将足部拉得稍微长一点（约1cm）。

6
钩了几针后的状态。

7
针目容易挤在一起，钩完25针后调整针目至18cm左右。然后在编织起点的锁针里钩入6针短针。

8
在起针针目的另一侧剩下的线圈（头部的2根线）里挑针，钩短针。

9
继续钩编，注意不要让织物扭转或者针目过于紧密。用晾衣夹等固定好牛仔布条，会更容易钩编。

10
在起针针目的最后一针里钩入4针短针。

11
因为1行的高度较高，在锁针的立针中也要成束挑取钩编1针。

12
钩1针短针。第1圈完成。

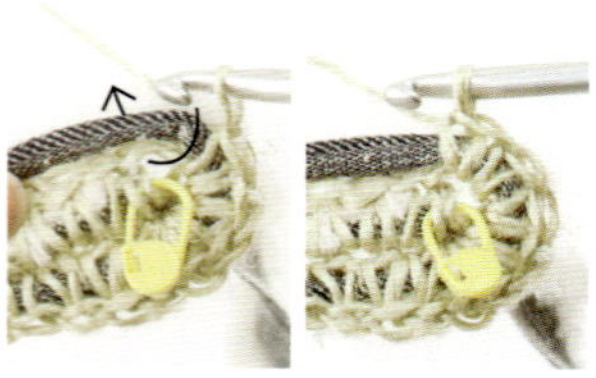

13
从第2圈开始，无须钩立针，在前一圈短针的头部里挑针进行钩编。因为没有钩立针，圈与圈之间的分界处很难看清，所以要在第1针里放上记号圈。

14
在指定的位置钩入2针短针，一边加针一边继续钩编。

15
一边在两端加针一边钩7圈短针。底部完成的状态。

16
为了不让织物发生歪扭或产生褶皱，每次钩完直线和弧线部分时都要稍做调整后再继续钩编。如果拉内芯的牛仔布条，针目会被拉紧，如果拉得太多，织物就会歪斜，所以调整时要特别小心。

牛仔布条的连接方法

17
如果牛仔布条出现结扣，就将其剪掉。重叠布边后简单地缝合即可。
（为了方便理解，使用了别的颜色。）

18
从第8圈（侧面的第1圈）开始，钩编时无须加减针。侧面会逐渐从底部立起。

19
钩至侧面第13圈（全部的第20圈）的最后4针时，斜着剪断牛仔布条，使布条的尖端位于编织终点前一针的位置。

20
最后一针钩引拔针，这一针里没有牛仔布条内芯。

21
然后在前一圈的第1针里钩引拔针，直接将线拉长后剪断。

钩编并缝好提手

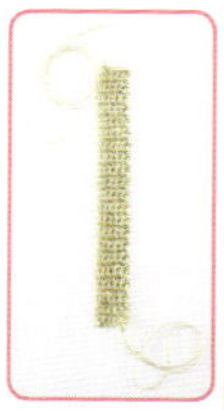

22
编织起点和编织终点都要留出50cm长的线头。用8/0号钩针钩编提手（短针5针×42行），将牛仔布条夹在中间用卷针缝缝合。

23
因为有轻微的斜行，所以要看着完成后的主体部分确定好两端，然后在左、右距离中央8cm的地方缝上提手。（为了方便理解，使用了别的颜色。）

24
使用预留的线头，在主体部分从上往下数第4行和第5行之间，稍微倾斜着将提手缝好。（为了方便理解，使用了别的颜色。）

河南科学技术出版社
精品图书推荐

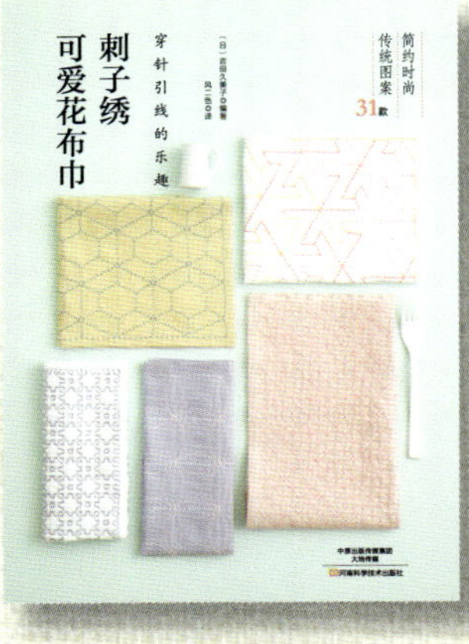

亮闪闪的编织

串珠编织的口金包和小荷包

预先在线中穿入串珠，用简单的钩织技法钩入串珠，这就是串珠编织。
下面就向大家介绍用稍微大一点的大号圆串珠编织的简单作品。
全都是没有里袋的简单结构，即使是初学者也可以轻松挑战哟。

摄影：Yukari Shirai, Noriaki Moriya (p.50、p.51) 设计：Megumi Nishimori

从底部看是个星形。
一圈一圈钩织，当图案逐渐显现出来时会很开心哟。

使用浅色系的串珠和线，给人柔和的感觉。
用线将口金牢牢地缝好。

菱形花样的小号口金包

串珠1色+线1色，
可以快速完成一个小小的口金包，
用不同的颜色钩织，作为礼物也再合适不过了。
钩短针时钩入串珠，便可形成花样。

设计 / Yasuko Sebata
制作方法 / p.92
使用线 / Olympus Emmy Grande、Emmy Grande <Herbs>

蜂巢花样的口金包

底部为橘黄色，开口部分为原色。
只需改变线的颜色，
即使串珠的颜色相同，看起来效果也不一样。
这是参考刺子绣的传统花样——六角形的龟纹刺绣花样后设计的。

设计 / Yuko Ono (ucono)
制作方法 / p.74
使用线 / Olympus Emmy Grande、Emmy Grande <Herbs>

樱桃图案的口金包

将2色的串珠分别穿入同色系的线中，
按短针钩入串珠的要领进行编织。
与1根线编织相比，花样更加清晰。
口金上的红色小球好像从图案中跳出来似的，
令人印象深刻。

设计 / Yasuko Sebata
制作方法 / p.50、p.96
使用线 / Olympus Emmy Grande

褶皱饰边口金手提包

上半部分钩拉针花样，形成细褶效果，
下半部分在褶边钩入很多串珠，
整个手提包非常典雅。
提手的蝴蝶结增添了柔美气息。

设计 / Yuko Ono (ucono)
制作方法 / p.90
使用线 / Olympus Emmy Grande

褶边部分在1针锁针里钩入3颗串珠，突显了褶皱效果。

枣形针的小荷包

在枣形针中整齐地钩入串珠，
立体感十足，非常可爱。
纽扣中也装饰了串珠，
这是一款连细节都极为精致的少女风小荷包。

设计 / Yuko Ono (ucono)
制作方法 / p.87
使用线 / Olympus Emmy Grande

钩织纽扣时，用剩余的线进行填充。
仅用线钩织轻薄的盖子部分。

花朵图案的口金包

整体都用串珠编织的花朵图案的口金包，
虽然看起来好像很复杂，
其实，只要预先按顺序穿好串珠，然后直接编织即可。
使用的是亚光色的串珠。

设计 / 武田浩子
制作方法 / p.88、p.89
使用线 / Hamanaka Wash Cotton Crochet

POINT LESSON 散装串珠的穿线方法

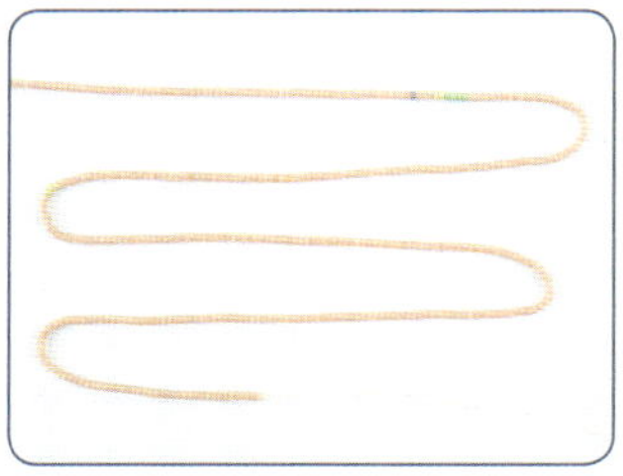

使用多种颜色的串珠钩织花样时，从编织终点开始按顺序穿入串珠。
线团端为编织终点，线头端为编织起点。

※串珠数量很多时，可以以适当的行数为1个单位，分成几部分穿线后编织。
※如果在编织的过程中发现串珠穿错了，可以剪断线，重新穿好串珠后再接着编织。

1 使用大眼的串珠针等。将线穿入针孔。

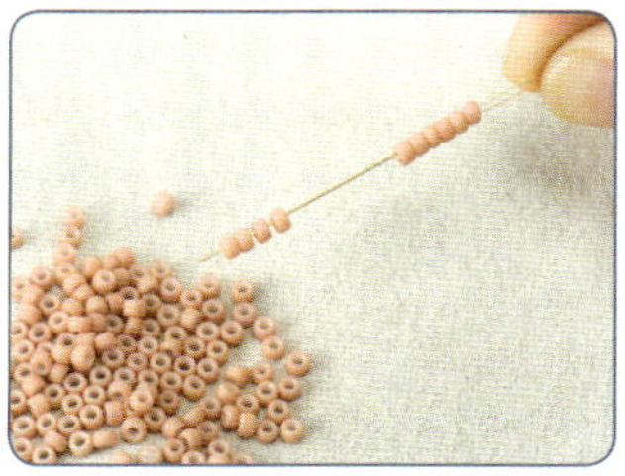

2 用针尖挑取串珠。

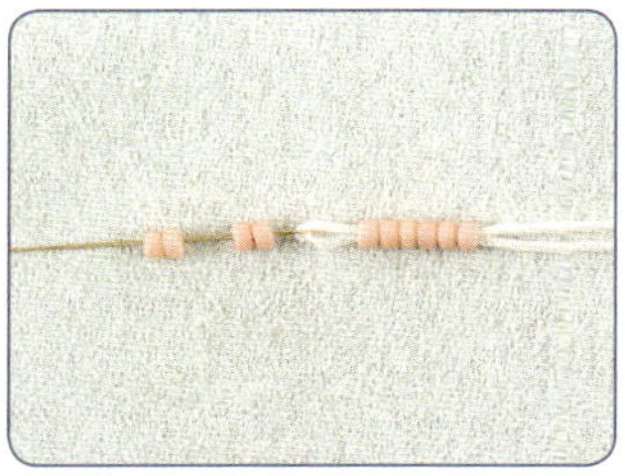

3 将串珠从针上移到线上。

一起来编织樱桃图案的口金包吧！

这里将教大家用2根线、2种颜色的串珠进行配色的串珠编织。
线与串珠的操作方法与1种颜色时是一样的，请参考。

※材料与工具、图解见p.96。

准备

将串珠穿到编织用线上（使用穿线串珠时）

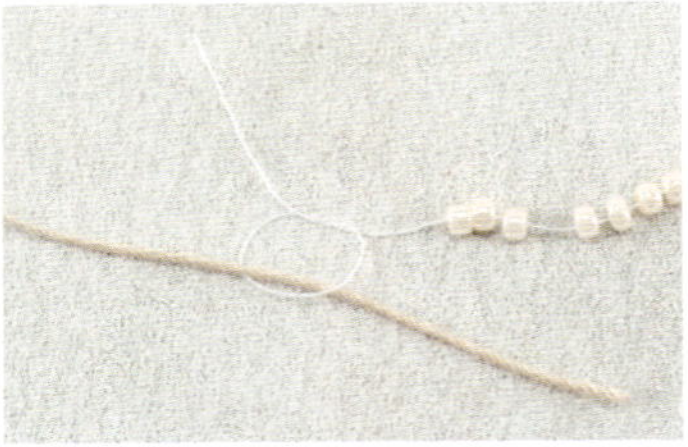

1 在编织用线的一端系上穿好串珠的线。

2 重复步骤1中的打结方法，打好死结。

3 将串珠慢慢移到编织用线上。

4 在红色的线上穿入红色串珠，在米色的线上穿入象牙色的串珠。此处使用的穿线串珠规格为1m内约480颗，象牙色的串珠只需穿入约80cm（366颗）即可。红色的串珠需要1272颗，如果一次性穿入，编织起来很不方便。所以，每次穿入1m的串珠，等这些串珠编织完后将线剪断，再穿上串珠继续编织，如此分成3次编织即可。

教程

第1圈

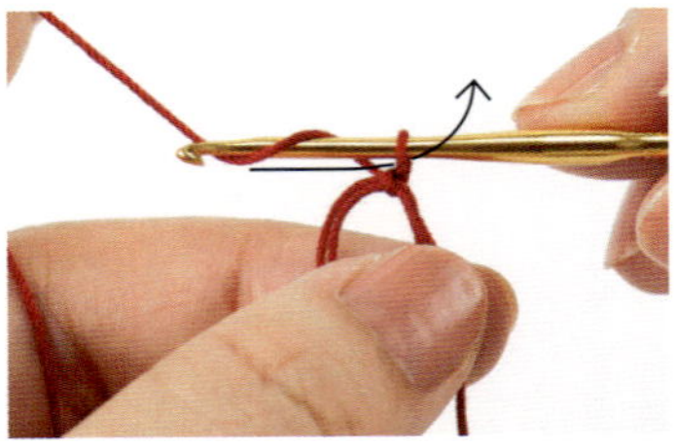

1 用红色线（主色线）环形起针（参见p.65），钩1针锁针的立针。

2 接着钩6针短针。

3 拉线头，缩紧线环（参见p.65）。

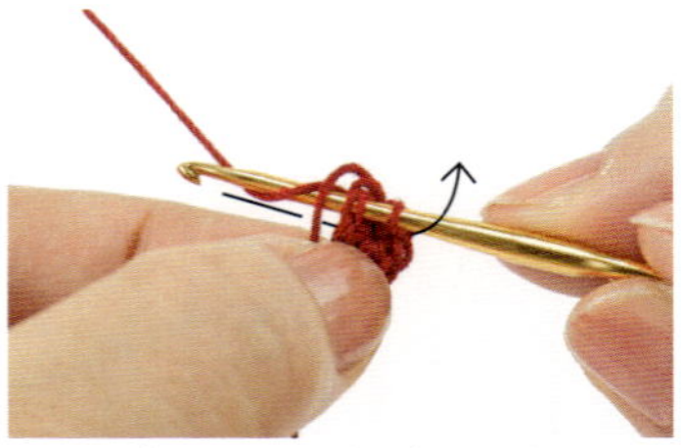

4 在最初的短针的头部里插入钩针，此时，也将线头挂在钩针上，钩引拔针。

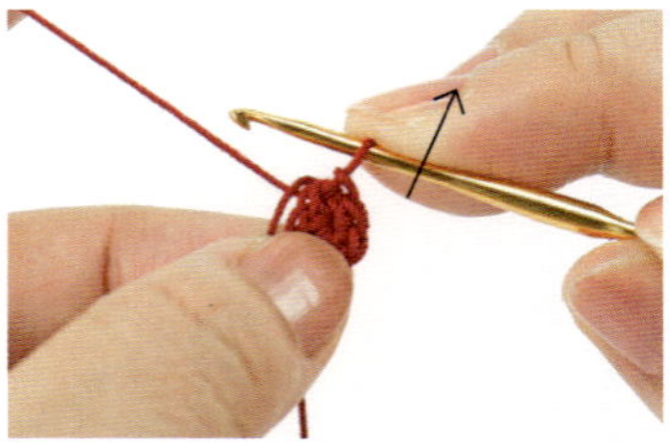

5 引拔针完成的状态。此时，拉动针上的针目，拉紧引拔针后针目会更漂亮。

6 引拔针被拉紧后的状态。

第2圈

7 第2圈一边将线头包在里面一边钩织。钩1针锁针的立针，在钩引拔针的针目里再次插入钩针，挂线后拉出。

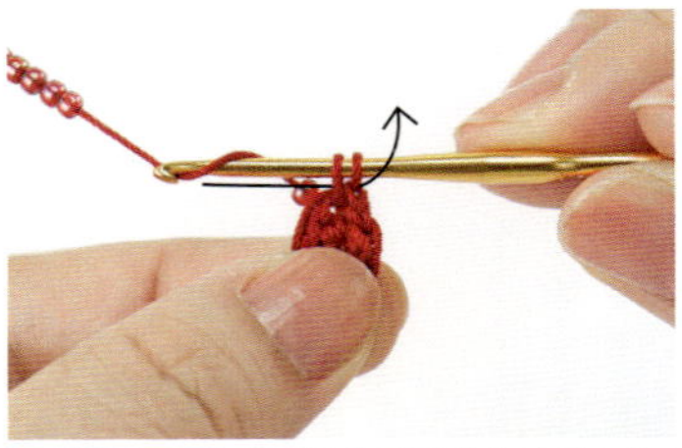

8 滑过1颗串珠，挂线后引拔穿过针上的2个线圈，就可以在短针中钩入串珠。

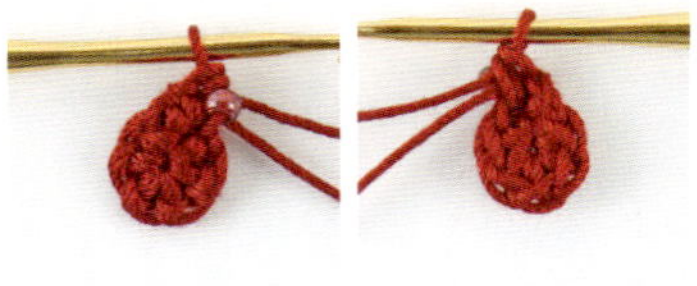

（反面）　（正面）

9 1针短针里钩入了1颗串珠。串珠出现在织物的反面。

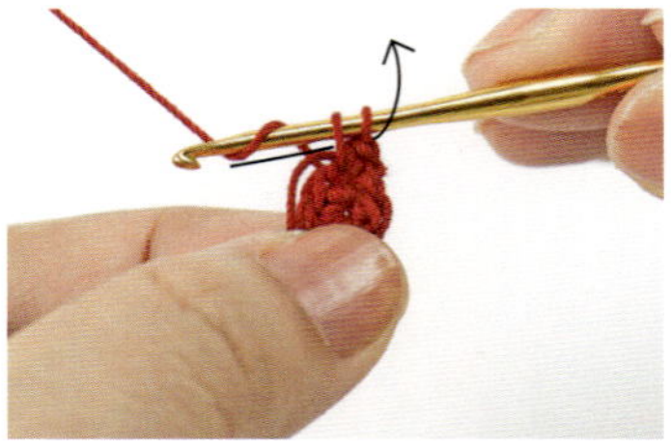

10 下一个针目无须钩入串珠，直接钩短针。

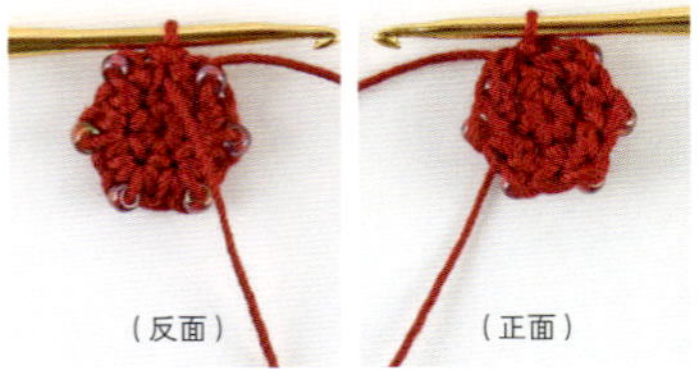

11 后面每隔1针钩入1颗串珠，钩完12针，第2圈就完成了。

12 剪掉编织起点的线头。

（反面）　（正面）

13 一边加针一边按图解在指定位置钩入串珠，钩至第14圈。

配色花样

14 从第15圈开始编织配色花样。钩1针锁针的立针，将米色线（配色线）放在前一圈边上。

15 在前一圈针目的头部里插入钩针，将配色线包在里面钩1针短针。

※无论是红色线还是米色线，在所有的针目里都分别钩入串珠。

16 第2针短针虽然也用主色线钩织，但是最后引拔时换成配色线。

17 第2针短针完成。此时钩针上的线圈为配色线。

18 第3针将主色线包在里面，用配色线钩短针。

19 第3针短针完成。

20 第4针也用配色线钩织。第5针虽然也用配色线钩织，但是最后引拔时换成主色线。

21 第5针完成。接下来，用主色线钩织时将配色线包在里面，用配色线钩织时将主色线包在里面。在前一针目最后引拔时进行换线。

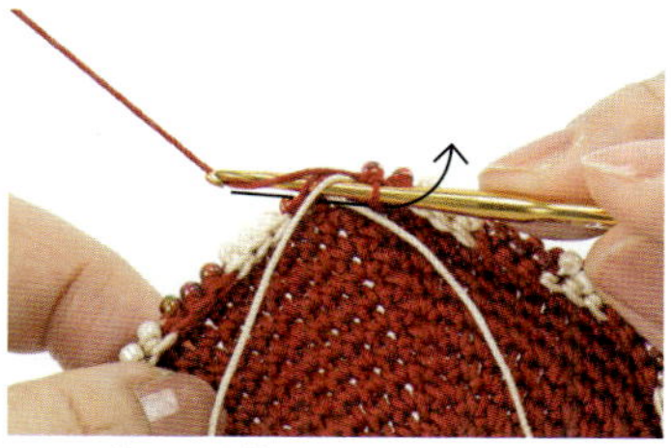

22 第15圈的编织终点。在第1针里引拔时，也将配色线挂在钩针上一起引拔。每圈都如此操作。

23 按图解继续钩织，钩织至最后一圈的状态。将织物的反面即串珠出现的一面用作口金包的正面。

要点

换线时线会交叉，以钩针为轴逆时针转动织物1圈，不移动线团就可以解决两线交叉的问题。

将口金缝在主体上

※实际操作时直接使用编织终点的线（主色线），但是此处为了方便理解，换成了配色线。

24 将钩针上的线留出1m左右长度后剪断，将线头穿入十字绣缝针（※）。挑取短针头部的2根线，用卷针缝缝4针。

25 卷针缝缝4针完成后的状态。

26 跳过1针，在第6针短针的头部2根线里插入缝针，再将缝针插入口金的第2个孔里。

27 再回到口金的第1个孔里，将缝针插入刚才跳过的第5针里。

28 重复步骤26、27，缝合2次后的状态。口金两端为了加固各缝2次。

29 跳过1针，在第8针里插入缝针，再将缝针插入口金的第3个孔里。

30 回到口金的第2个孔里，将缝针插入刚才跳过的第7针里。

31 对齐第35针和口金另一端的孔，缝好一侧口金的状态。织物的针数与口金的孔数不一致时，需要跳过针目均匀地缝合。跳过的针目就像步骤30一样做回针缝。

32 与步骤25一样，卷针缝缝8针，然后按相同的要领在另一侧也缝上口金。最后，卷针缝缝4针后处理好线头。

※关于缝合主体和口金的缝针

此处，将口金缝在主体上时使用的是十字绣缝针（#24）。选择缝针的要领是：①缝针必须能够穿过口金的孔。②因为使用作品用线进行缝合，线必须能够穿入缝针。③为了操作方便，尽量选择短针。

WORLD TRIP WITH PETIT MOTIF

钩织可爱小物
环游世界

钩织小物，只需少量的线就可以完成，轻松愉快。
这次汇集了代表世界不同国家和地区的主题小物。
让思绪驰骋于憧憬的地方也好，沉浸在旅途的回忆中也好，
一起来享受钩织日用杂货或者小饰物的乐趣吧！

摄影 :Yukari Shirai 设计 :Megumi Nishimori

●小人偶

材料与工具

A：Hamanaka KORPOKKUR 浅粉色（4）、黑色（18）各 2g，黄色（5）、绿色（12）、粉红色（19）各 1g，嵌入式眼睛（3.5mm）1 对，25 号刺绣线 黑色、红色各适量，填充棉适量
B：Hamanaka KORPOKKUR 浅粉色（4）、黑色（18）各 2g，黄色（5）、紫红色（9）、蓝色（20）各 1g，嵌入式眼睛（3.5mm）1 对，25 号刺绣线 黑色、红色各少量，填充棉适量
钩针 3/0 号

脸部 1个
A、B：浅粉色

► = 断线

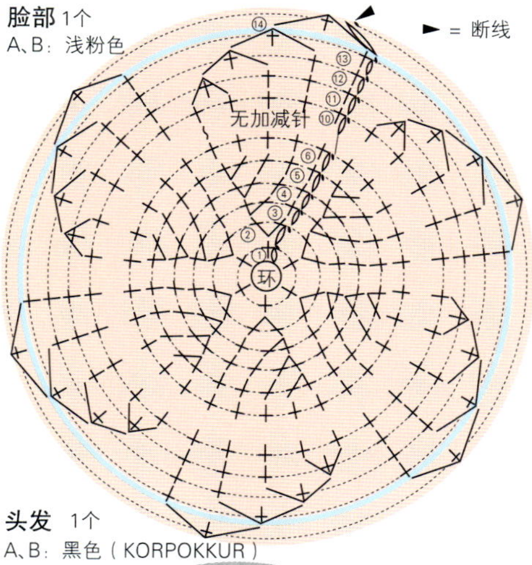

脸部针数表

圈数	针数	
第14圈	6针	（-6针）
第13圈	12针	（-6针）
第12圈	18针	（-6针）
第11圈	24针	（-6针）
第6~10圈	30针	
第5圈	30针	（+6针）
第4圈	24针	（+6针）
第3圈	18针	（+6针）
第2圈	12针	（+6针）
第1圈	6针	

※在脸部最后一圈的针目里穿线，塞入填充棉后拉紧。

头发 1个
A、B：黑色（KORPOKKUR）

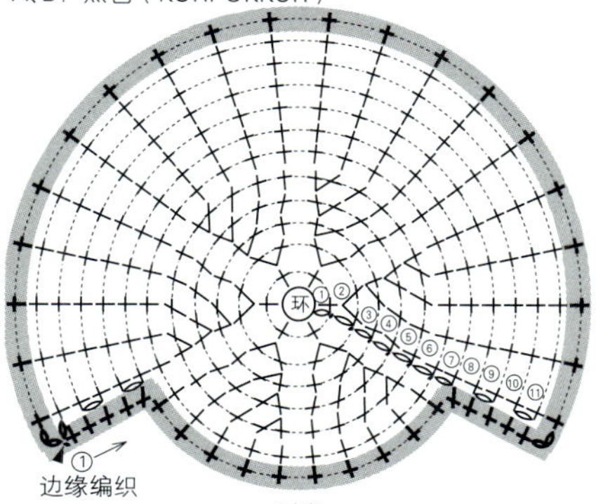

头发针数表

圈（行）数	针数	
第8~11行	20针	
第7行	20针	（-10针）
第6圈	30针	
第5圈	30针	（+6针）
第4圈	24针	（+6针）
第3圈	18针	（+6针）
第2圈	12针	（+6针）
第1圈	6针	

日本

小人偶

津轻地区的短发人偶小姐妹。
在身体部分插入笔，可以用作笔帽。
太可爱了，真想用不同的颜色编织很多个呢。

设计 / Miyuki Ichikawa

身体 1个

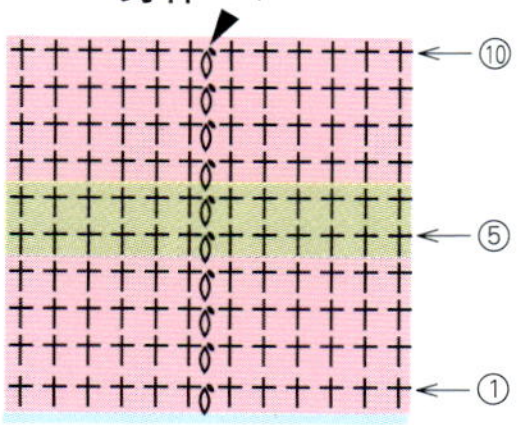

※身体部分在脸部第13圈针目的足部挑针（12针）钩织。

身体配色表

	A	B
（绿线）	黄色	紫红色
（粉线）	粉红色	蓝色

完成图

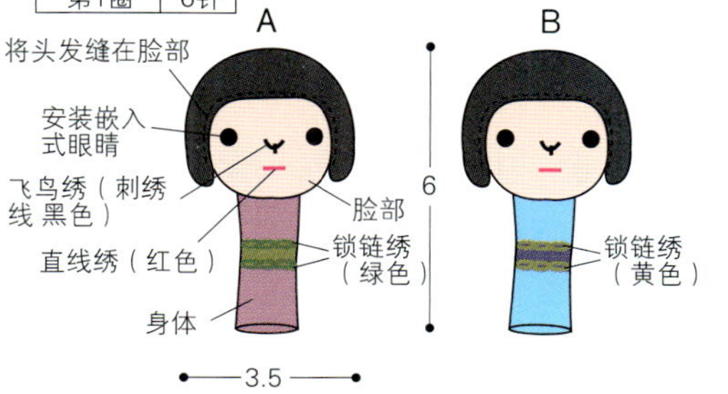

新西兰

小绵羊

喜欢羊的朋友，一定要试试看哟！
连在耳机塞上摇晃的样子，就像在牧场奔跑一样。

设计 / 河西由贵子

●小绵羊

材料与工具

Hamanaka Hamanaka Mohair 原色（61）1g，Tino 米色（3）1g，25 号刺绣线 黑色少量，填充棉 适量，直径 8mm 的单圈 1 个，龙虾扣 1 个，耳机塞配件 1 个，嵌入式眼睛（3.5mm）1 对
钩针 2/0 号、4/0 号

配色：—— = 原色（4/0号钩针）；== = 米色（2/0号钩针）

► = 断线

主体针数表

圈数	针数	
第11圈	8针	（-8针）
第7~10圈	16针	
第6圈	16针	（+2针）
第3~5圈	14针	
第2圈	14针	（+7针）
第1圈	7针	

主体 1个

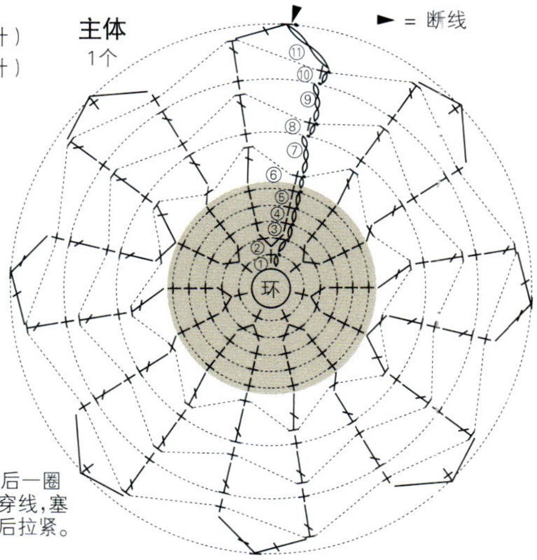

※在主体最后一圈的针目里穿线，塞入填充棉后拉紧。

脚
米色 4个
2/0号钩针

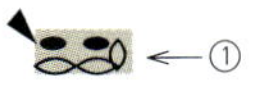

耳朵
米色 2个
2/0号钩针

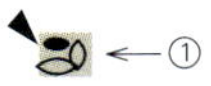

尾巴
原色 1个
4/0号钩针

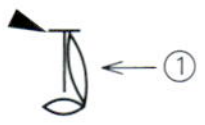

※脚、耳朵和尾巴编织结束时留出较长的线头，缝在主体上。

完成图

正面

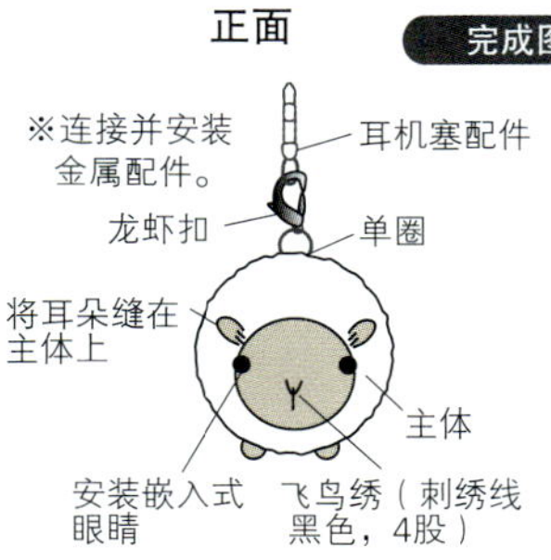

腹部

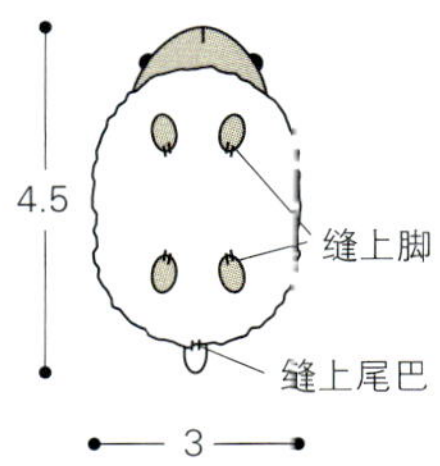

●平底拖鞋

材料与工具

A：DMC 25 号刺绣线 蓝色（995）、粉红色（3805）、白色（BLANC）各 1g，直径 2mm 的珍珠串珠 16 颗

B：DMC 25 号刺绣线 粉红色（3805）、蓝色（995）、白色（BLANC）各 1g，个人喜欢的项链 1 条，直径 9mm 的单圈 1 个，直径 3mm 的单圈 1 个，C 形圈 2 个，直径 2mm 的珍珠串珠 16 颗

钩针 3/0 号

主体配色表

	A	B
——	白色	白色
═	蓝色	粉红色

主体针数表

圈（行）数	针数	
第8～11行	5针	
第7行	5针	（－7针）
第3～6圈	12针	
第2圈	12针	（＋6针）
第1圈	6针	

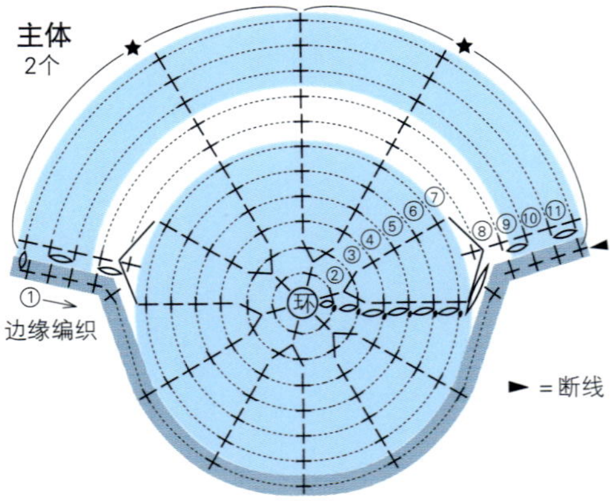

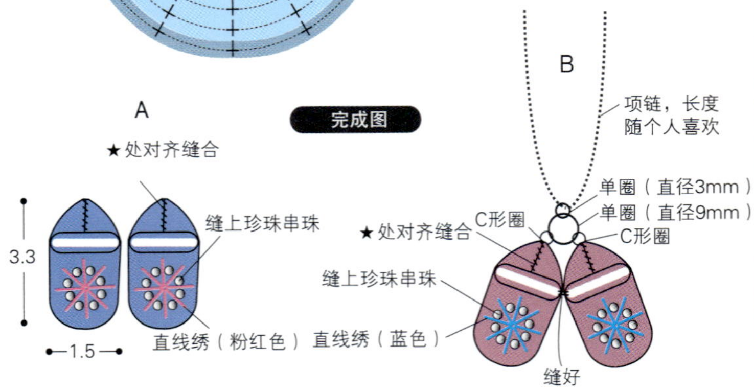

●茶杯

材料与工具

A：DMC 25 号刺绣线粉红色（761）、白色（BLANC）各 1g

B：DMC 25 号刺绣线绿色（959）、白色（BLANC）各 1g

C：DMC 25 号刺绣线蓝色（3846）、白色（BLANC）各 1g，戒指配件 1 个，黏合剂适量

钩针 3/0 号

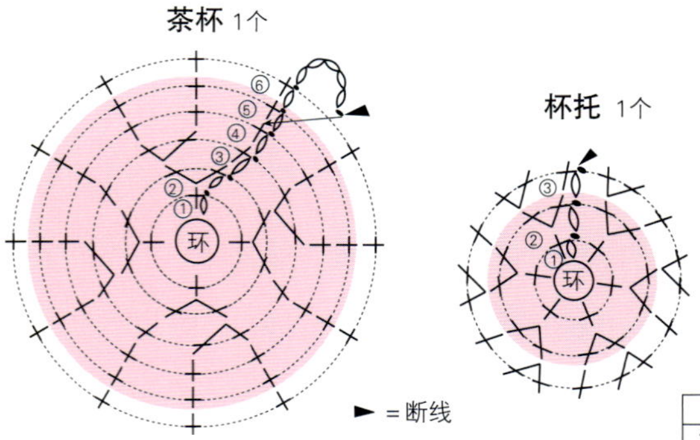

茶杯针数表

圈数	针数	
第4～6圈	12针	
第3圈	12针	（＋4针）
第2圈	8针	（＋4针）
第1圈	4针	

杯托针数表

圈数	针数	
第3圈	18针	（＋6针）
第2圈	12针	（＋6针）
第1圈	6针	

茶杯、杯托配色表

	A	B	C
═	粉红色	绿色	蓝色
——	白色	白色	白色

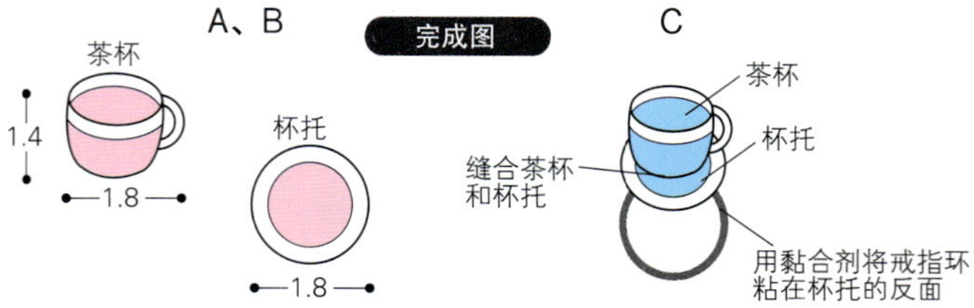

●马卡龙

材料与工具

A：Olympus　Emmy Grande〈Herbs〉 浅黄色（560）、白色（800）各 1g，填充棉适量
B：Olympus　Emmy Grande〈Herbs〉 浅绿色（252）、白色（800）各 1g，填充棉适量
C：Olympus　Emmy Grande〈Herbs〉 粉红色（119）、白色（800）各 1g，填充棉适量
手机链 1 条，龙虾扣 1 个，C 形圈 1 个
钩针 2/0 号

主体 2个

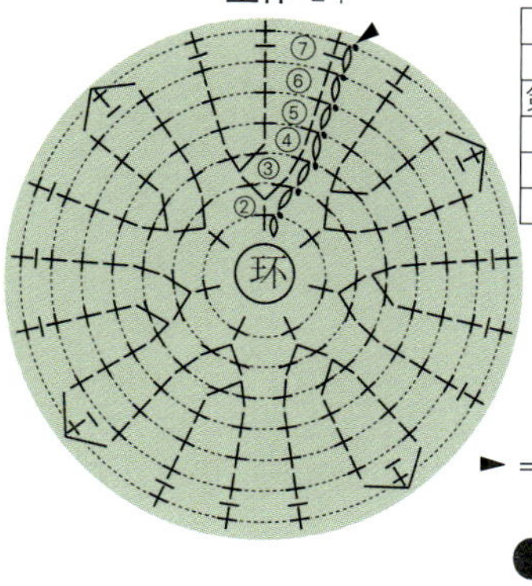

▶ = 剪线

主体针数表

圈数	针数	
第7圈	17针	（－4针）
第4～6圈	21针	
第3圈	21针	（＋7针）
第2圈	14针	（＋7针）
第1圈	7针	

装饰链 1条

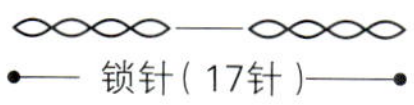

※编织起点和编织终点的线头都留得稍长一些。

主体、装饰链配色表

	A	B	C
马卡龙	浅黄色	浅绿色	粉红色
装饰链	白色	白色	白色

完成图

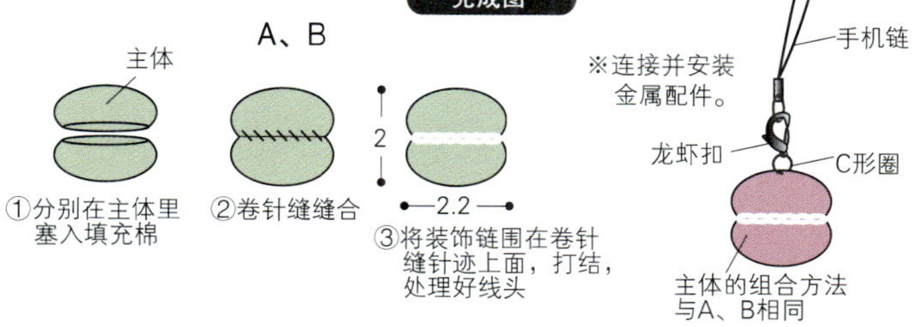

法国

马卡龙

用卷针缝将上、下部缝合。钩出锁针链系在中间当作奶油。在手机链上连接一个或几个马卡龙都会非常可爱。

设计 / 河西由贵子

东欧

蘑菇

东欧的蘑菇，既让人有点诧异，又非常可爱。
菌伞部分用段染线表现。
因为稍微有点大，建议挂在钥匙链或包包挂链上。

设计 / Miyuki Ichikawa

●蘑菇

材料与工具

A：内藤商事 Carnevale 茶色、粉红色系段染（1485）5g，Lino 米色（4）1g，填充棉适量
B：内藤商事 Carnevale 绿色、橘黄色系段染（1489）5g，Lino 米色（4）1g，填充棉适量
C：内藤商事 Carnevale 橘黄色、粉红色系段染（1490）5g，Lino 米色（4）1g，填充棉适量，钥匙链 1 个
钩针 4/0 号

菌伞 1个

▶ = 断线

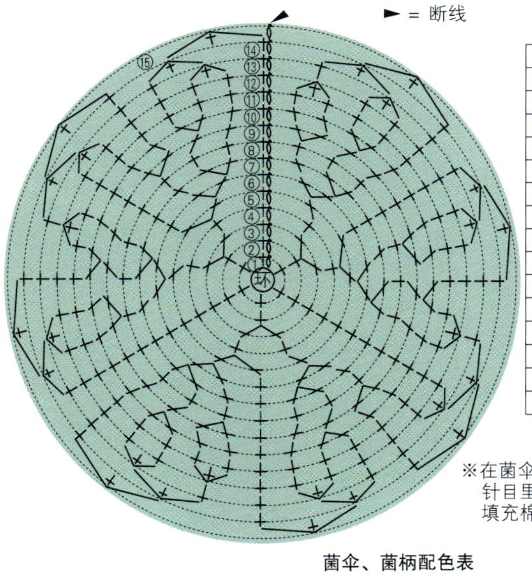

菌伞针数表

圈数	针数	
第15圈	8针	（－8针）
第14圈	16针	（－8针）
第13圈	24针	（－8针）
第12圈	32针	（－4针）
第11圈	36针	
第10圈	36针	（＋6针）
第9圈	30针	（＋6针）
第8圈	24针	
第7圈	24针	（＋6针）
第6圈	18针	（＋6针）
第5圈	12针	（＋3针）
第4圈	9针	
第3圈	9针	（＋3针）
第2圈	6针	
第1圈	6针	

※在菌伞最后一圈的针目里穿线，塞入填充棉后拉紧。

菌伞、菌柄配色表

	A	B	C
菌伞	茶色、粉红色系段染	绿色、橘黄色系段染	橘黄色、粉红色系段染
菌柄	米色	米色	米色

菌柄 1个

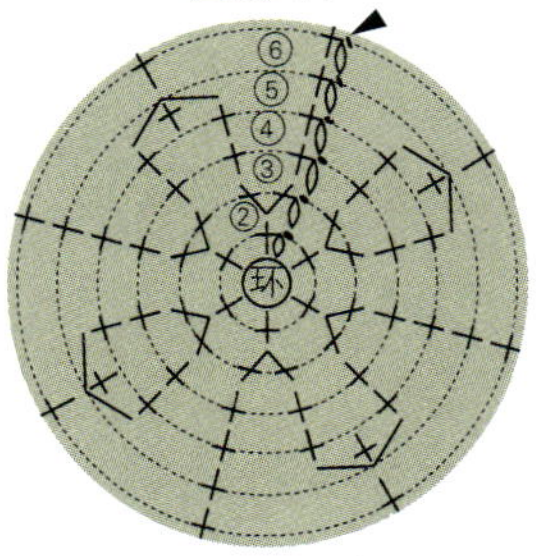

※塞入填充棉。

菌柄针数表

圈数	针数	
第6圈	8针	
第5圈	8针	（－4针）
第4圈	12针	
第3圈	12针	
第2圈	12针	（＋6针）
第1圈	6针	

完成图

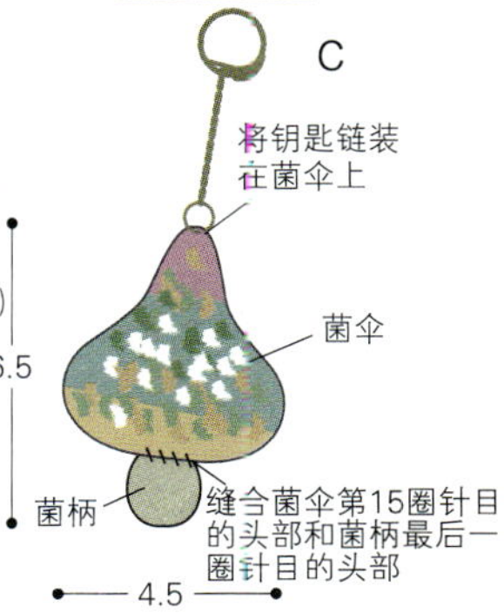

突出个性！

编织玩偶手工部

即使制作方法相同，完成的作品却各有各的味道。
这就是编织玩偶的魅力，也是让人着迷的原因。
这次介绍的是各种场景下的精心力作！

摄影：Yukari Shirai, Makiko Shimoe 设计：Megumi Nishimori 撰文：Sanae Nakata

会员编号……86

抱小狗的女孩

总是和喜爱的小狗在一起。
头发是直接将毛线缝在头上，然后扎成辫子的。
自然卷曲的裙子非常可爱。

设计 / Haruka Okugawa
http://haruka-okugawa.tumblr.com

小狗单独也能坐稳。
脚上刺绣的肉垫也是一大亮点。

会员编号……87

我能自己站立

不需要帮助！摆出一副自豪姿态的小熊。
贝雷帽、围巾、包包，都是手编的，漂亮极了。
稍粗的腿部是站立的关键。

设计 / Harun*
http://knitplus.blog.fc2.com/

还有很多朋友呢！
大家喜欢的颜色也各不相同。
也有买菜回来的宝贝哟。

会员编号…… 89

咖啡店的小兔子

系上服务员围裙，手拿扫帚，正在做开店准备的小兔子。
圆圆的眼珠、细细的胡须、悠闲的表情，看得人心都要融化了。

设计 / Mameya
http://ameblo.jp/mameya-chite/

会员编号…… 88

戴小花的壁虎

装饰着梭编蕾丝小花的小壁虎大集结。
丰富的颜色，让人看着就心情愉悦！
可以缝上胸针，别在包包或者衣服上。

设计 / clair de lune @haru
http://ameblo.jp/hy-0122/

会员编号…… 91

编织人偶芭蕾舞演员

按芭蕾舞剧的感觉编织的芭蕾舞演员。
为了突出皇冠的纤细，使用了棉制手缝线。
服装使用了有光泽的刺绣线。

设计 / milkrochet
http://ameblo.jp/doo-yoo/

左边是以《吉赛尔》、右边是以《唐吉诃德》芭蕾舞剧中的丘比特为原型制作的。

从左至右分别是芭蕾舞剧《胡桃夹子》中的糖果仙子、《天鹅湖》中的白天鹅奥杰塔和黑天鹅奥吉莉亚、《睡美人》中的阿芙罗拉公主。

会员编号…… 90

少女风小熊猫

非常喜欢花朵图案和蕾丝。
圆圆的脸部用毛比较长的线材编织，做出松软的效果。
戴上宽檐帽子，一副少女风的出门装扮。
鼻部用羊毛毡制作。

设计 / Foo
http://tetote-market.jp/creator/foo/

帽子上面预留了小洞，刚好让耳朵露出来。
小花饰带也非常可爱。

跳蚤市场的乐趣

来自在美国生活近10年的Weider Quist 裕美的报道。
这次她将带领我们去看看郊外独特的跳蚤市场。

Weider Quist 裕美

手工艺作家。在日本的10年间，曾以“大濑裕美”的名字在杂志上发表作品，并开办了可以体验各种手工艺技法的教室。去美国后，她通过网络发表作品和制作方法，并在当地的商店出售自己的作品、举办沙龙。此外，她还在博客上向大家介绍她在美国的生活以及做手工的乐趣，等等。

HIBILABO JOURNAL（日语博客）
http://hibilabo.jugem.jp/
HARUJION DESIGN（英语博客）
http://harujiondesign.blogspot.com/

散布于郊外的跳蚤市场

现在我居住的南本德是印第安纳州最北部、靠近密歇根湖的城市。包括与密歇根州相邻的州境在内，从我家开车30分钟路程范围以内散布着4家大型跳蚤市场。巨大的仓库中，数十家商户各自设有摊位进行销售，这就是跳蚤市场。与芝加哥、纽约等大城市相比，有时会以惊人的低价买到古董或复古的典藏物品。对于像我这样喜爱旧物的人来说，这里简直就是人间天堂。这次，我想向大家介绍一些跳蚤市场上发现的精品。

复古针线筐

从事手工艺工作，自然就会更加关注编织和缝纫的工具、材料等。其中，但凡看到品相较好的针线筐，我都会不由自主地买下来。特别是以捻纸为芯、缠绕玻璃纸编织而成的针线筐，我就有好几个。当初购买的时候并不知道，其实，这种既复古又可爱的针线筐曾在二十世纪六七十年代由日本大量生产并出口至海外。听说在美国曾由Dritz手工艺用品厂销售，如今已经成为收藏品了。这么说起来，已故母亲的针线盒就是属于这种类型的。这种针线筐起源于瑞典，现在能够制作的日本手艺人已经几乎没有了，实在是非常遗憾的事。

编织物大搜罗

说起复古风的编织物，跳蚤市场上可以看见很多的阿富汗毛毯（Afghan）和蕾丝编织的装饰垫、隔热垫等。在手工还是生活中不可或缺的那个时代，这些东西是人们为了家人或者为了给生活增添一份色彩，一针一针编织完成的。阿富汗毛毯是手编毛毯的总称，据说其语源来自毛毯等织物的产地阿富汗（Afghanistan）。费时费力的阿富汗毛毯多作为礼物，传给后世子孙。编入了彩色的几何花样和精致花纹的阿富汗毛毯经常被用作护膝围毯、床罩、椅背装饰巾等。钩针编织、棒针编织、简单的条纹花样、V形锯齿花样、连接圆形和四边形花片（祖母方格）等，从中可以看出各种类型的编织技巧。这些经典花样至今仍然很受欢迎，并被很多人编织着。阿富汗毛毯经常被作为初学者最早挑战的大作品。简单的几何花样最适合用来练习基本的针目编织方法了。一边学习编织技巧，一边制作实用的大作品，这种满足感似乎就是其大受欢迎的秘密。

再看蕾丝编织的装饰垫和桌布，可以清楚地了解那个时代流行的花样。虽然可以看到各个时代很多类似的地方，但是有时会发现难得一见的编织方法和制作者的个性化的技巧，这又会让人感到非常开心。这次发现了一

1

1 打开针线筐的盖子，里面有时会有用于收纳小物的塑料托盘等。**2** 这次收集资料闲逛时，看见可爱的粉红色针线筐，也不由得买了下来。**3** 笔者收藏的针线筐，都排列在工作室的架子上。

1 用简易编织机制作完成的六边形装饰垫。流行于20世纪60年代左右的手工艺。2 复古风阿富汗毛毯。有V形锯齿花样和祖母方格等。3 婴儿鞋。作为祝福准妈妈迎接即将诞生的宝宝的礼物，至今非常受欢迎。4 钩针编织的隔热垫是最常见的厨房旧物。5 蕾丝编织的桌布。6 将啤酒瓶盖包在里面编织而成的葡萄形状的隔热垫。

件有趣的作品，就是将啤酒瓶盖包在里面编织并连接成葡萄形状的隔热垫。第一次看到这样的作品，觉得这个创意非常合理，很是佩服。还有用纤细的网格针连接雏菊花片制作而成的装饰垫、蓝色小鸡形状的可爱的鸡蛋保温罩等，都是非常优秀的作品。每次看见这样的作品，我都会仔细观察，在脑海里试着再现编织方法，或者作为自己创作时的灵感暂且将其记在心里。

有趣的物品，琳琅满目

除了编织物外，还经常看到被称为“雪尼尔（Chenille）”的床罩。这是一种很亲肤的纺织品，将绣于平纹底布上的立体线圈剪成绒毛状，并用结粒绣制作花样。Chenille 在法语中是“毛毛虫”的意思，据说因为柔软的绒毛状表面与毛毛虫的表面很相似才以此命名的。听说 19 世纪 90 年代末，在乔治亚州，一个少女制作了这样的床罩送给亲戚作为结婚礼物，结果大受好评，从此订单源源不断，最后发展成了一项业务。少女最初是模仿当时的烛芯刺绣毯制作的。所谓的烛芯（Candlewick）刺绣就是指用烛芯线连续做克罗尼亚结粒绣（Colonial knot）制作花样。在复古的杂货中发现这样的故事也是逛跳蚤市场的乐趣之一。

7 作为资料收集的手工艺类旧杂志。8 有很多花样在今天看来还是很有新意。9 不知不觉买了很多蕾丝和飘带。10 20世纪50年代的锯齿剪刀和绣绷。11 将旧的绕线板装进空瓶里，放在工作室的一角。小沙槌一样的东西是修补袜子上的破洞时使用的工具。12 雪尼尔床罩。

在过去的缝纫花样和手工艺杂志中，有时也能发现一些设计很棒的衣服和小物，即使今天看来也一点都不过时。有时也会看到不再流行的技法、从来没有见过的工具的广告等。书和小册子一般只要一点零钱就能很便宜地买到手，所以只要有喜欢的，我就会买下来作为资料。旧的编织物有 20 世纪 20 年代优雅的手拿包和帽子、50 年代的祖母方格和蕾丝装饰小物，至 60 年代，有电影女明星的服饰、芭比娃娃的衣服、乡村风的嬉皮士时装……这些资料都集中反映了各个时代的流行元素，怎么看也看不厌。

而且，逛跳蚤市场最让人兴奋的是看到以前的工具和素材的时候。如果还能使用，那是最好了，将古色古香的小物装饰在工作室的一角也不错哟。这次发现了一把 Wiss 厂家制造于 20 世纪 50 年代的锯齿剪刀。拿回家一试，发现很锋利，好像还可以用很久的样子。各种颜色的纽扣、串珠项链、胸针、纤细的蕾丝等在今后的作品制作中也将会发挥各自的作用吧。

如果大家也有机会到美国旅行，请稍微离开大城市到郊外走走吧。即使没有大型的跳蚤市场，在小城市或小镇上一般都能找到小型的二手商店。到夏天，各地都会举办室内或室外的跳蚤市场。即使只是随意逛逛，你也肯定会有很有意思的发现的。

配色编织的、毡化的迷你垫

配色编织后，用温水进行毡化，制作成小垫子。
因为毡化后的毛纤维会缠在一起，不整齐的针目也变得不显眼了，
所以推荐初学者也来挑战试试。
除了杯垫，也可以发挥不同的创意，活用于各种场合。

摄影：Yukari Shirai 设计：Megumi Nishimori

b

a

c

a

b

各种使用方法

装进画框，制作成小艺术品

穿上绳子，制作成装饰品

用作放饰品和手表的垫子

c

花朵和刺猬迷你垫

用简单的图案一起来享受配色的乐趣吧！
制作的要领是：
配色编织部分使用稍粗一点的针织得粗疏一点，
然后进行毡化处理，使其紧密收缩。
织物的形状和图案可自由搭配。

设计 / shizukudo
使用线 / RichMore spectre modem
制作方法 / p.61、p.83

一起来制作迷你垫吧！

下面将结合图片说明圆形织物的独特的加针方法、配色线的漂亮渡线的方法等。

作品中使用的线
RichMore spectre modem
全50色，直毛线，40g/团（约80m）

配色要领
主色线最好比配色线颜色深，
这样，花样会更加清晰，
毡化后的配色线的起毛现象也不会很明显。

编织要点

卷针加针

1 用手指做一个线环，如图所示插入棒针。

2 拉线，1针加针完成。继续编织下一个针目。

在织物一端将配色线夹在第2针和第3针之间（上针）

1 用主色线织2针，将配色线放在主色线上面，用主色线织第3针。

2 配色线夹在了主色线里。

在织物一端将配色线夹在第2针和第3针之间（下针）

1 用主色线织2针，将配色线放在主色线上面，用主色线织第3针。

2 从反面看到的状态。配色线夹在了主色线里。（翻至正面）继续编织。

织片完成

用缝针处理好线头。圆形织片的直径约为12.5cm。

毡化方法

1 在脸盆里倒入足够多的温水（约40℃），将织片放入温水中，然后揉织物。3~5分钟后，毛纤维就完全展开了。
※配色编织部分只揉搓反面，绝对不要揉搓正面。

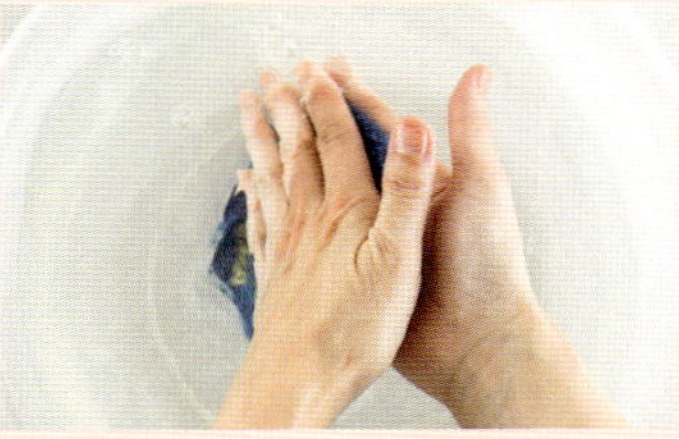

2 收紧展开的毛纤维，缩小织片（这一步骤叫缩绒）。用整个手掌夹住织片，在温水中轻轻地摩擦揉搓，织片就会慢慢变小。

3 只用主色线编织的那部分缩绒性较差，所以正面和反面都要仔细揉搓。边缘会有点卷，可以稍稍撑开一点。

4 缩小到一定程度后，暂时挤掉水分确认一下缩绒情况。毛纤维在表面缠在了一起。

5 再次放入温水中进行揉搓，使其进一步缩小。
※注意不要让正面的配色线起太多毛。

6 不能再缩小时，放入冷水中收紧织片。到这一步骤为止大约需要10分钟。

7 脱水后将织片放在方格垫子上调整形状（方形织片可以使用尺子辅助调整），平摊晾干。

8 晾干后，将主色线和配色线起毛较明显的地方用剪刀进行修剪，使配色花样清晰可见。外围的轮廓起毛部分也要进行修剪调整。

9 如果有羊毛毡戳针，可以戳刺织片的轮廓部分进行调整，整体会更加漂亮。

完成！

毡化后，圆形织片的直径约为9cm。

用剩线编织小物

只要编织，就会有线剩下来。
尤其是一些材质特别好的线，总是想要充分利用起来。
这里就向大家介绍几件用这样的剩线编织的小作品，
希望能为大家有效活用剩线带来一点灵感……

摄影：Ikue Takizawa（模特），Yukari Shirai
设计：Kana Okuda（模特），Megumi Nishimori
发型和化妆：Yuriko Yamazaki 模特：Lindsey

长度随自己喜好……

装饰链

搭配两种线材，非常优雅。
这款设计可以根据线量进行调节，
改变长度，也可以制作成发带和腰带。

设计 / Naomi Kanno

只需少量的线……

发圈

编织带状织片后，收紧成小花形状。
如果线量充裕，可以编织得再长一点，
多层簇拥的样子也非常漂亮。

设计 / Yuco Ono(ucono)

有一条就会很方便哟……

发带

不限线材、花费时间短、实用，
集三大优点于一身的小物。
宽度和长度均可根据线量进行调节。

设计 / 钓谷京子(buono buono)

发带的制作方法

材料与工具

后正产业 Tours 米色（02）15g，橡皮筋35cm

钩针4/0号

成品尺寸

头围53cm

编织密度

编织花样：1个花样2cm，10cm7.5行

制作要点

- 钩21针锁针起针，钩2行长针，继续钩30行的编织花样，钩2行长针。
- 用长针部分包住橡皮筋后缝合。

装饰链的制作方法

材料与工具

后正产业 MULBERRY 粉红色（02）20g，orgabits One 浅蓝色（07）20g

钩针5/0号

制作要点

- 钩1针锁针起针，按编织花样钩织98行。
- 接线，在编织花样的周围钩1行边缘编织。
- 在两端钩上装饰绳。

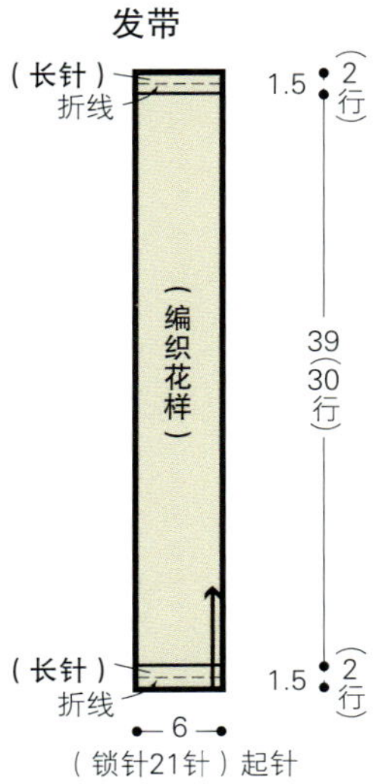

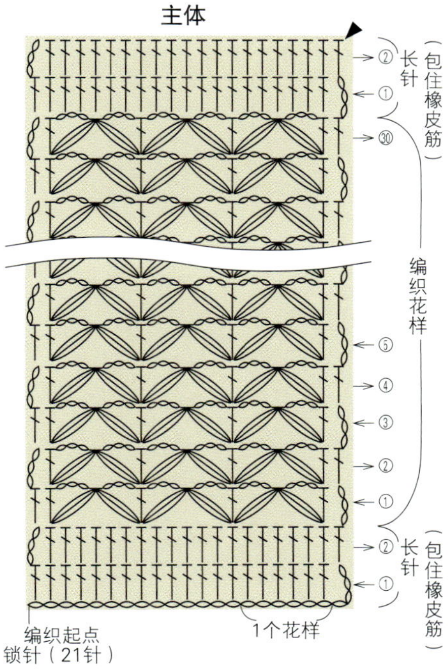

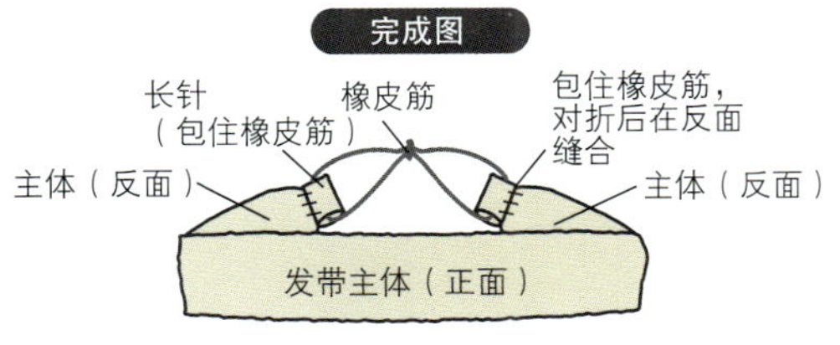

※将橡皮筋打结成环，再在中心位置打结。用长针部分将橡皮筋包在里面，在反面缝合。

▷ = 接线

► = 断线

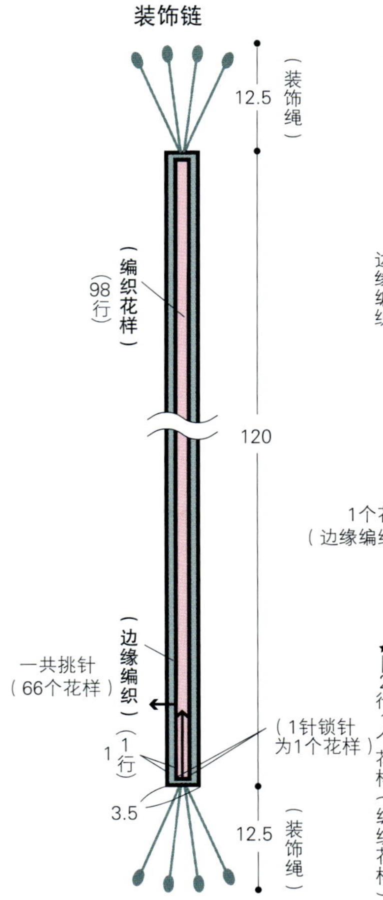

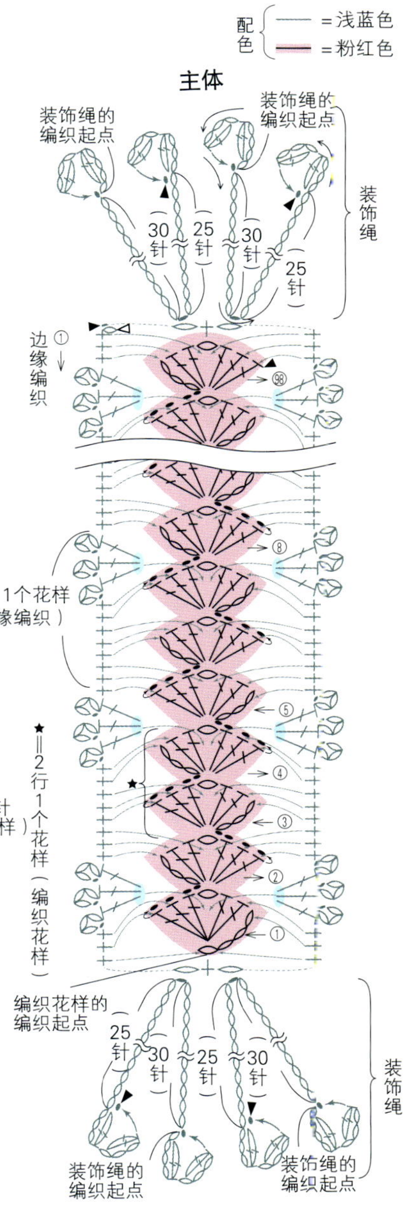

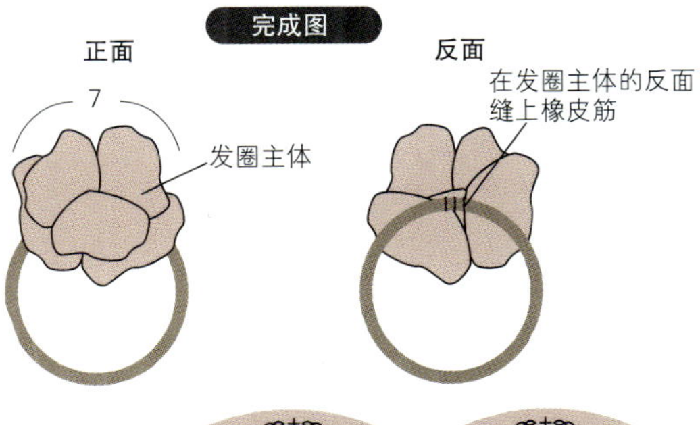

发圈的制作方法

材料与工具

后正产业 Julien 灰粉色（74）5g，橡皮筋1个

钩针3/0号

编织密度

编织花样：1个花样3.5cm，4行4cm

制作要点

- 钩61针锁针起针，按编织花样钩织4行。在第1行里穿入相同的编织用线后收紧，调整形状。
- 在反面缝上橡皮筋。

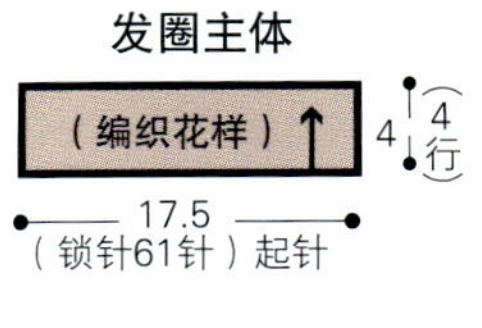

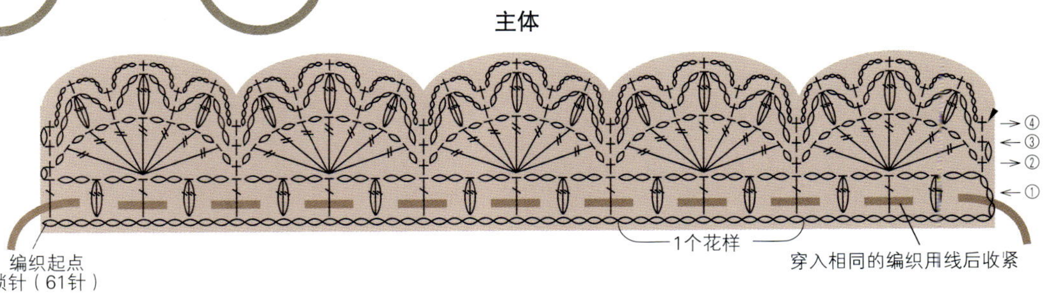

编织的Q和A

这里是编织答疑专栏。
这次将介绍用钩针环形编织时的一些技巧，
了解后，编织起来会很方便。
摄影：Yukari Shirai

Q 环形起针总是做不好，请问有没有什么诀窍？

A 基础的操作方法如p.65图中所示。如果线环散开，还可以用另外一种办法，即在手指上绕线的状态下就开始编织。

❶与p.65“在手指上挂线环形起针”的步骤1相同，在手指上绕2圈线，在手指绕线的状态下插入钩针。

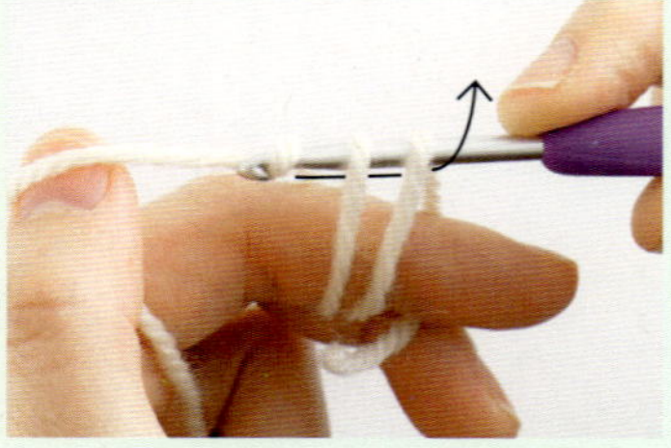

❷针头挂线后拉出。（与p.65步骤3的要领相同。）

❸拉出线后的状态。

❹将线环从手指上取下，重新拿好。

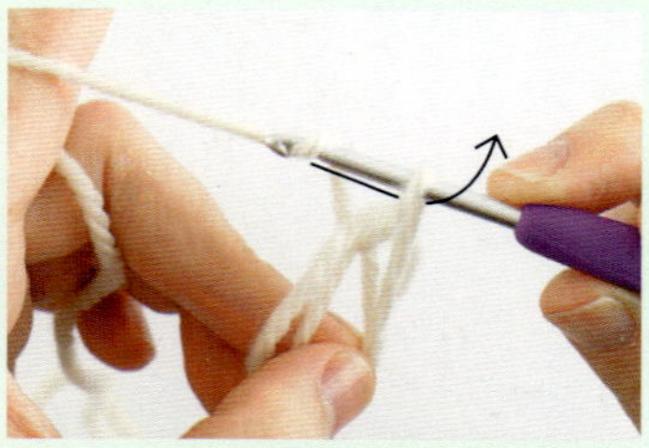

❺此时与p.65步骤4的状态相同。继续编织。

还有更简单的方法

※中心部分容易变松，所以要做好线头处理。这种方法适合马海毛线等容易缠在一起的线。这里以6针短针为例进行说明。

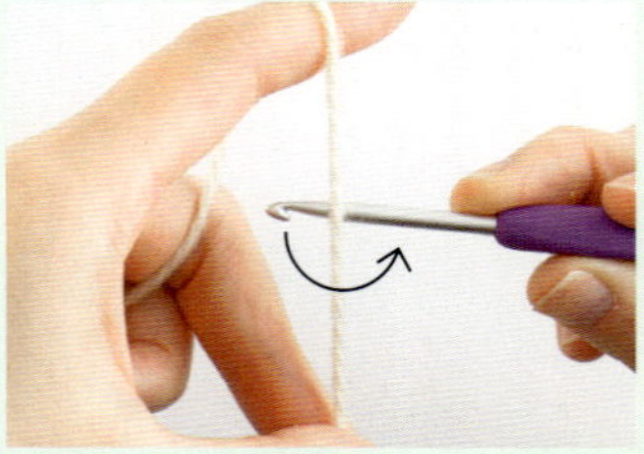

❶就像锁针起针一样，将钩针放在线的后面，转动针头松松地制作一个线环。

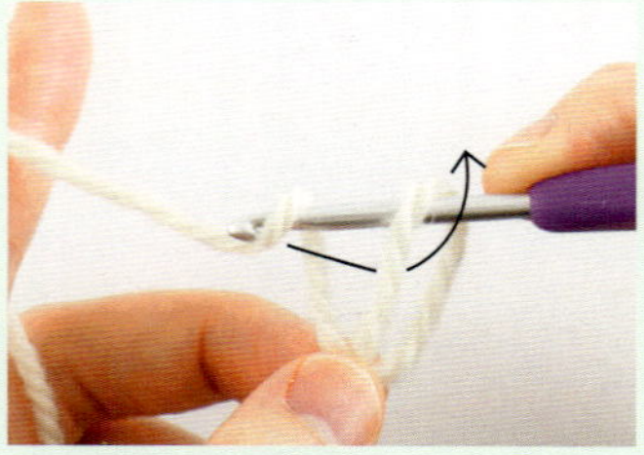

❷捏住线环的交叉处，在钩针上挂线并拉出。（与锁针最初针目的制作要领相同）

❸不要拉紧线环，保持松松的状态，钩1针锁针作为立针。

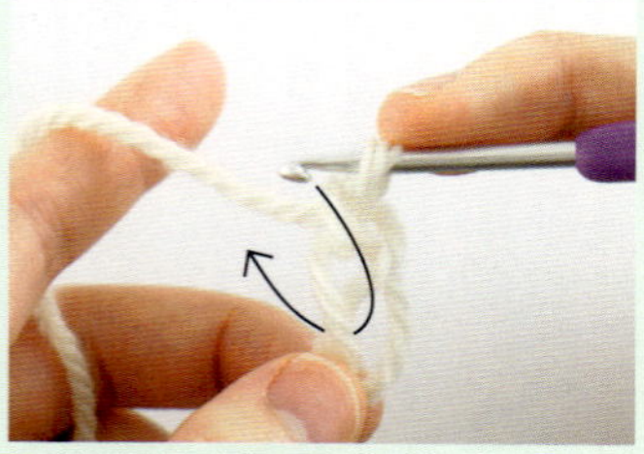

❹继续在线环中插入钩针，挑取2根线。

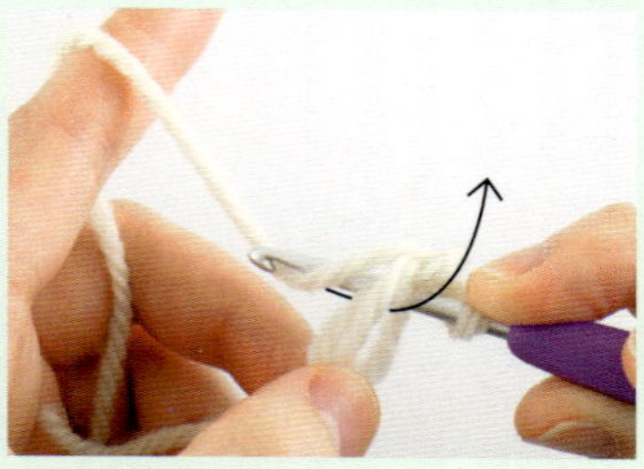

❺钩针挂线后拉出。

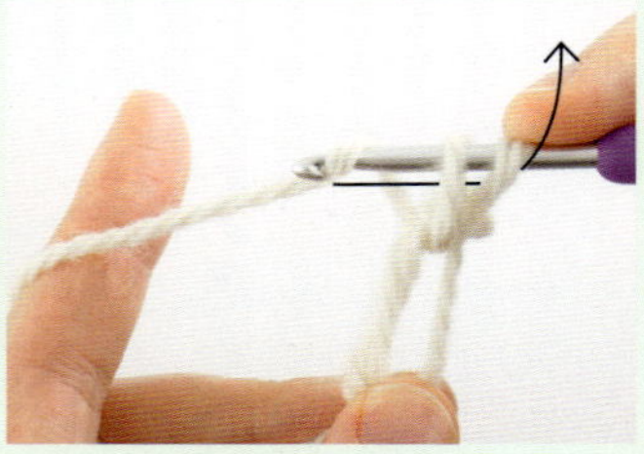

❻钩短针。（第1圈是短针的情况。）

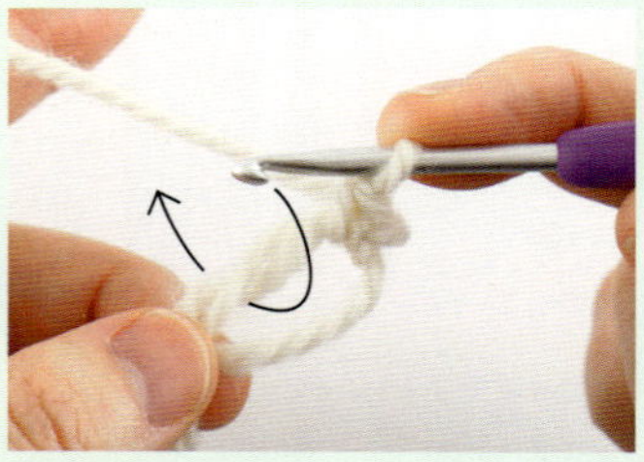

❼1针短针完成。接下来，挑针时也将线头一起挑起，钩织所需针数的短针。

❽拉线头，将线环收紧。中心的收紧方法也比p.65的简单。

❾在第1针短针的头部里引拔，第1圈完成。

Q 环形编织的编织终点怎样收针才漂亮？

A 最后一圈的编织终点可以在该圈的第1针里引拔。但是还有一种方法，可以收得更漂亮。

❶钩完最后的短针后，直接将针上的线圈拉长，留出10cm左右长度后将线剪断，拉出。

❷将线穿入缝针，将缝针插入该圈第2针短针的头部2根线里。

❸再将缝针往回插入最后的短针的头部中心。

❹拉线，将针目调整至1针锁针的大小，连接针目非常自然。用这种方法制作的锁针与第1针短针的头部呈重叠状态。

编织基础知识和制作方法

钩针

带有这个符号的内容，可到以下网址查看视频。
http://www.tezukuritown.com/lesson/knit/basic/kagibari/index.html

钩针的拿法、挂线的方法

右手
（钩针的拿法）

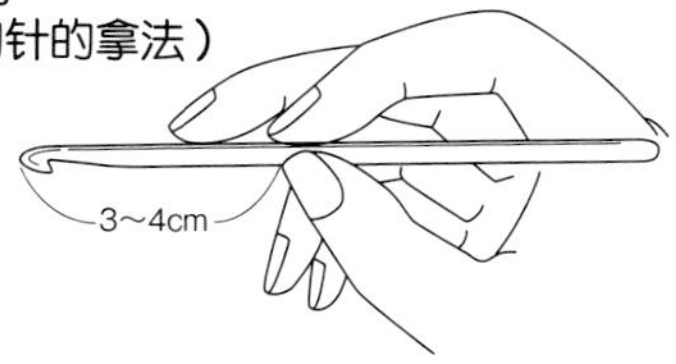

用拇指和食指轻轻地拿着钩针，再放上中指。

左手
（挂线的方法）

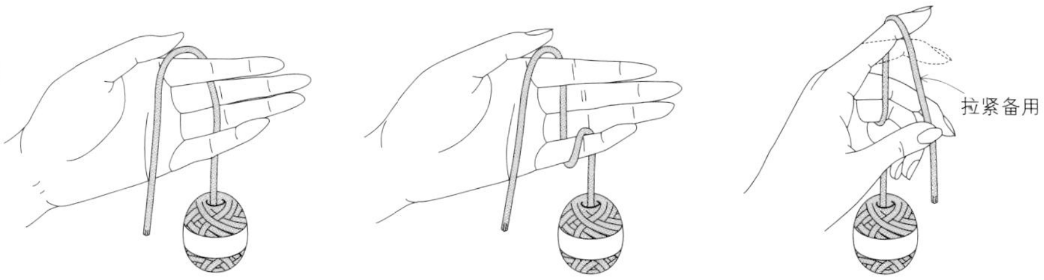

1 将线穿到中间2根手指的内侧，线团留在外侧。

2 若线很细或者很滑，可以在小指上绕1圈。

3 食指向上抬，将线拉紧。

符号图的看法

往返编织

所有种类的针目均使用符号表示（参见编织针目符号）。将这些符号组合在一起就成为符号图，是在编织织片（花样）时需要用到的。
符号图标示的都是从正面看到的样子。但实际编织的时候，有时会从正面编织，有时也会将织片翻转后从反面编织。

看符号图的时候，我们可以通过看锁针立针在左侧还是右侧来判断是从正面编织还是从反面编织。当锁针立针在一行的右侧时，该行就是从正面编织的；当锁针立针在一行的左侧时，该行就是从反面编织的。
看符号图时，从正面编织的行总是从右向左看的；与之相反，从反面编织的行是从左向右看的。

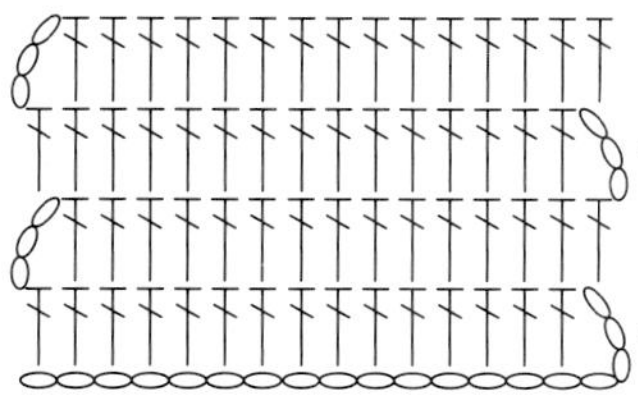

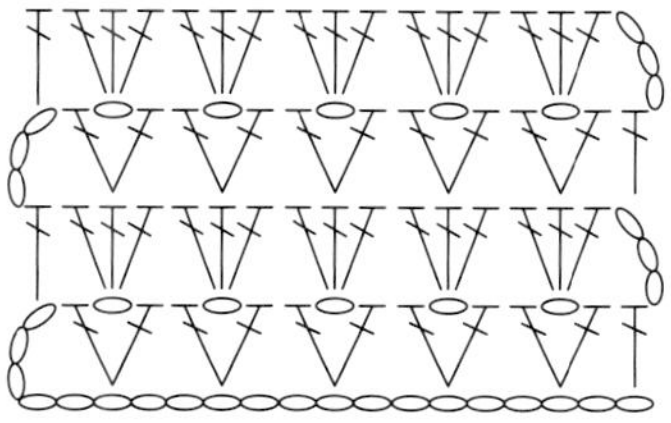

从中心开始环形编织（花片等）

在手指上绕线，环形起针，像是从花片的中心开始画圈一样，逐渐向外编织。
基本的方法是，从锁针立针开始，向左一圈一圈地编织。

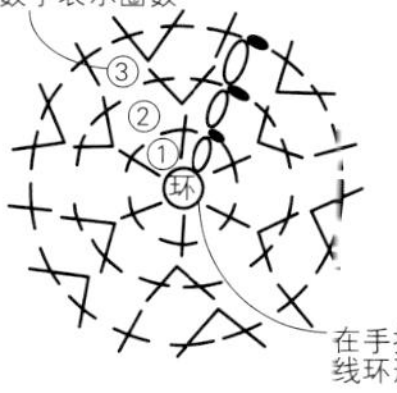

锁针起针的挑针方法

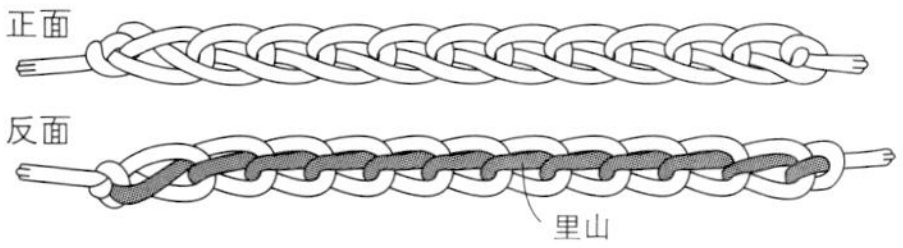

锁针的反面，线呈凸起状态。我们将这些凸起的线叫作“里山”。

从锁针的里山挑针

挑针后，锁针正面的针目会保留下来，非常平整。适合不做边缘编织的情况。

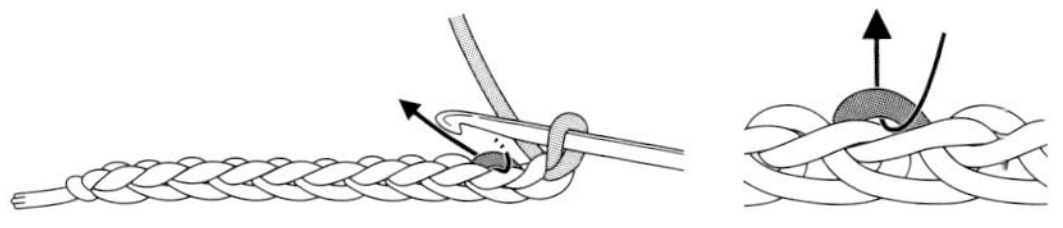

从锁针的半针和里山挑针

这种方法比较容易挑取针目，针目也比较端正。适合镂空花样等跳过几针挑针的情况，或是使用细线编织的情况。

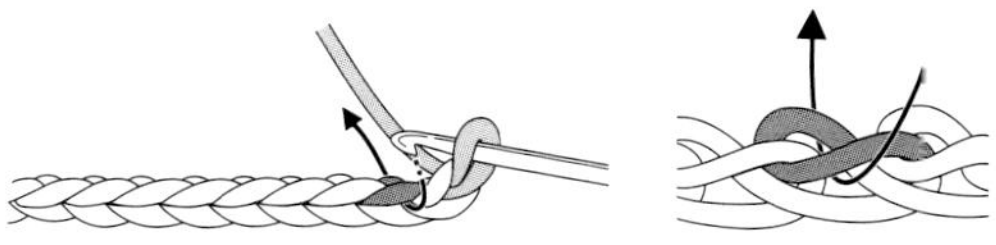

在手指上挂线环形起针

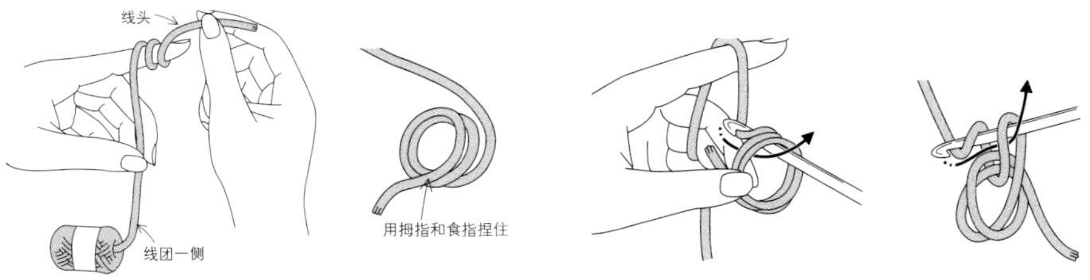

1 将线头在左手的食指上绕2圈。

2 捏住交叉点将线环取下，注意不要让线环散开。

3 换左手拿线环，在线环中插入钩针，挂线后从线环的中间拉出。

4 再次挂线，引拔。

将中心收紧

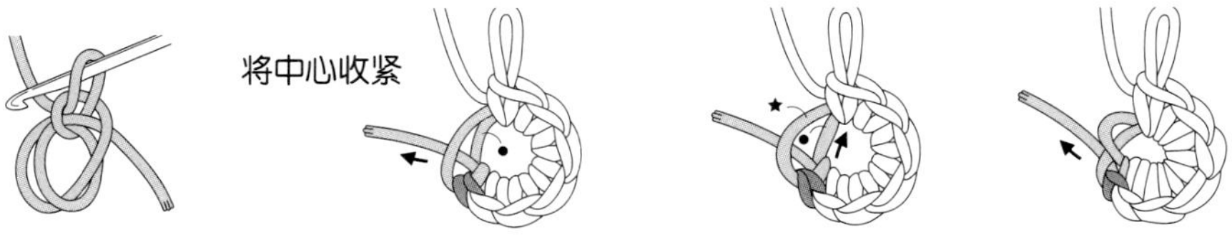

5 在线环上就有了1个针目。但是这一针不计入针数中。

6 拉线头，线环的2根线中有1根（●）会活动。

7 拉活动的那根线，将另一根线（★）收紧。

8 再次拉线头，收紧靠近线头的线（●）。

将锁针连接成环形起针

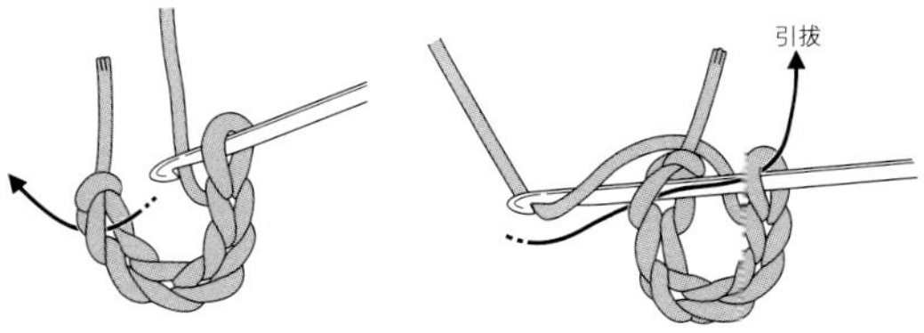

1 钩织所需针数的锁针，将钩针插入第1针锁针的半针和里山。

2 挂线，引拔。

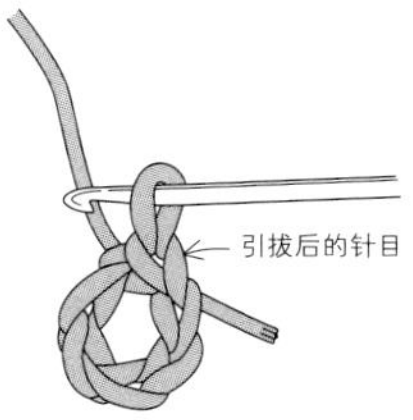

3 锁针连成了环形。

锁针

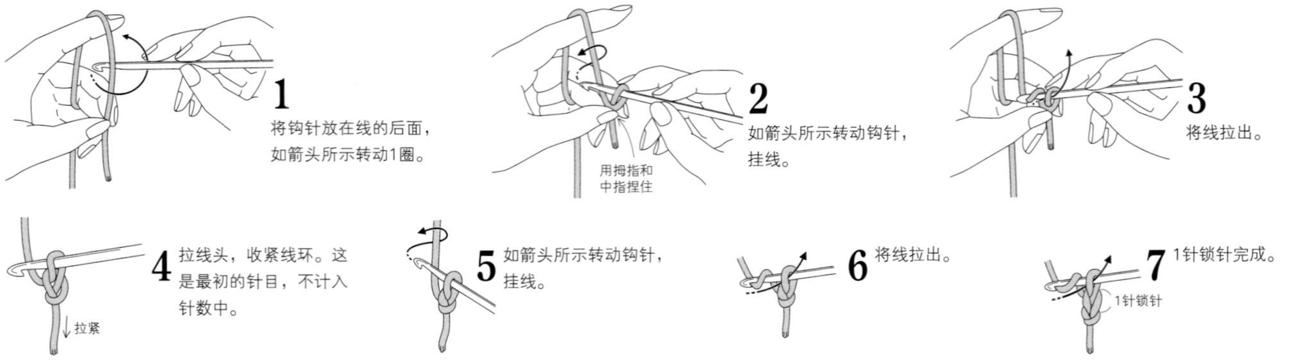

1 将钩针放在线的后面，如箭头所示转动1圈。

2 如箭头所示转动钩针，挂线。

3 将线拉出。

4 拉线头，收紧线环。这是最初的针目，不计入针数中。

5 如箭头所示转动钩针，挂线。

6 将线拉出。

7 1针锁针完成。

短针

＋（╳）

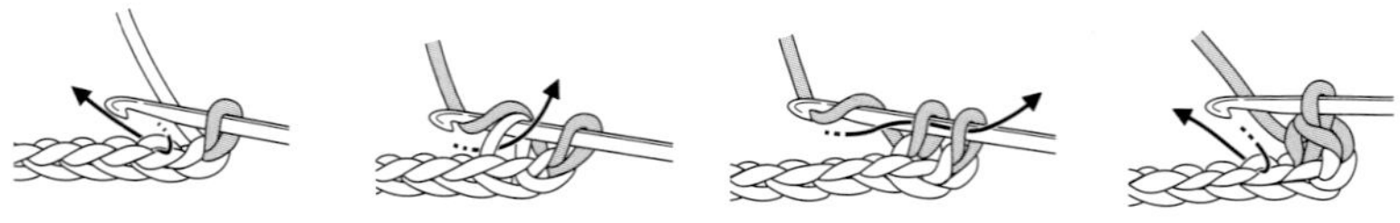

1 如箭头所示，插入钩针。

2 在针上挂线，如箭头所示将线拉出。

3 此时的状态叫作“未完成的短针”。再次在针上挂线，引拔穿过2个线圈。

4 1针短针完成。

引拔针

●

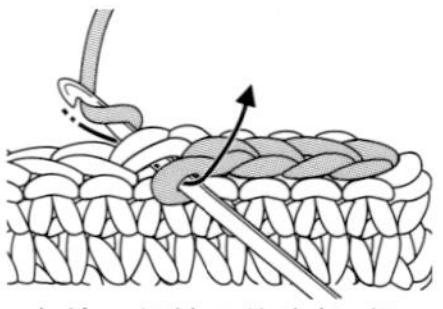

在前一行针目的头部2根线里插入钩针，挂线后引拔。

中长针

1 在针上挂线，如箭头所示插入钩针。

2 在针上挂线，如箭头所示将线拉出。

3 此时的状态叫作“未完成的中长针”。再次在针上挂线。

4 一次引拔穿过针上的3个线圈。

5 1针中长针完成。

短针的条纹针（环形编织）

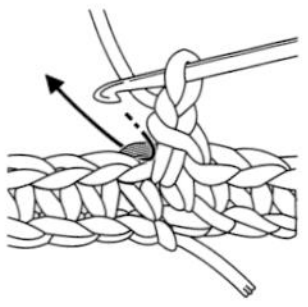

在前一圈针目头部的后面半针里挑针，钩短针。前面的半针呈条纹状保留下来。

※中长针、长针等的条纹针，虽然钩织方法不同，但是基本要领是一样的，都是挑取半针钩织。

长针

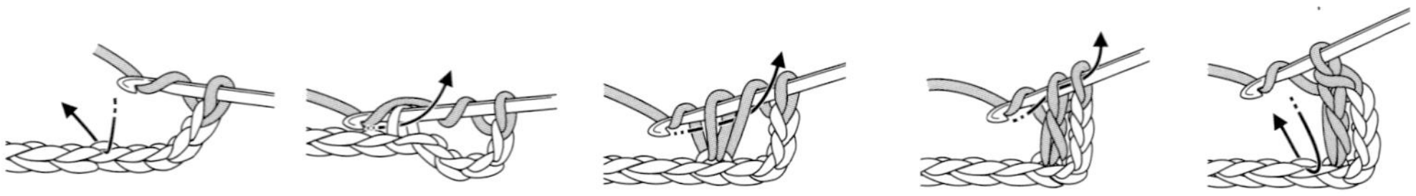

1 在针上挂线，如箭头所示插入钩针。

2 在针上挂线，如箭头所示将线拉出。

3 在针上挂线，引拔穿过前2个线圈。此时的状态叫作“未完成的长针”。

4 在针上挂线，引拔穿过剩下的2个线圈。

5 1针长针完成。

短针的棱形针

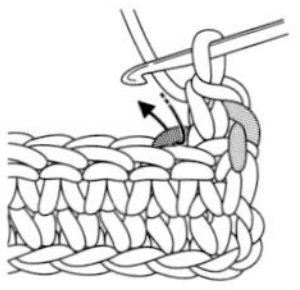

总是在前一行针目头部的后面半针里挑针，钩短针。每一行改变编织方向，即进行往返编织。

长长针

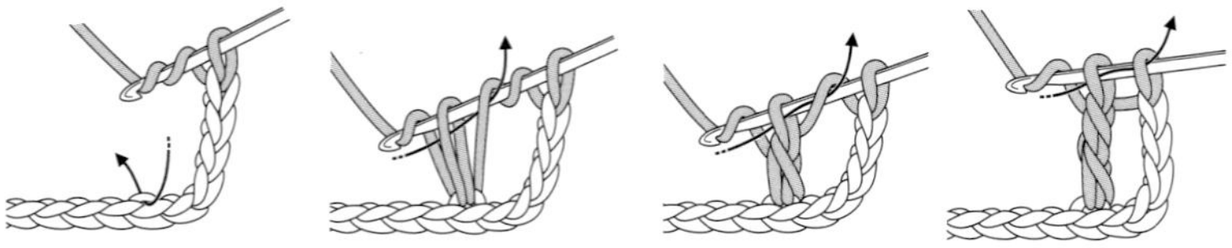

1 在针上绕2次线，如箭头所示插入钩针。

2 挂线后拉出。再在针上挂线，引拔穿过前2个线圈。

3 再次挂线，引拔穿过前2个线圈。

4 再次挂线，引拔穿过剩下的2个线圈。

1针放2针短针

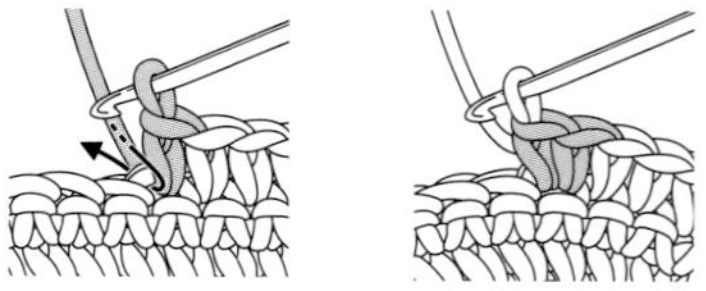

1 在前一行针目头部的2根线里挑针，钩1针短针，然后在同一个针目里插入钩针。

2 再钩1针短针（加了1针）。

※中长针、长针等的加针，虽然钩织方法不同，针数不同，但是基本要领是一样的，都是在前一行的同一个针目里钩入多个针目。

3卷长针

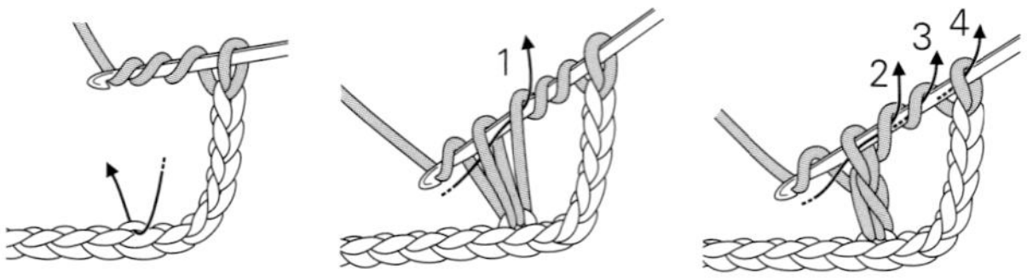

1 在针上绕3次线，如箭头所示插入钩针。

2 挂线后拉出。再在针上挂线，引拔穿过前2个线圈。

3 再在针上挂线，引拔穿过前2个线圈。再重复2次这个步骤。

2针短针并1针

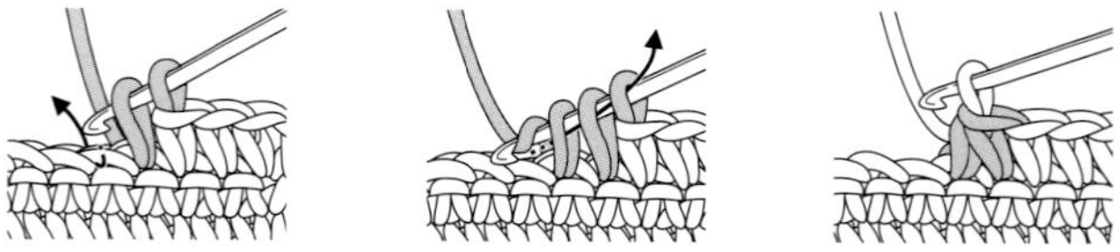

1 挂线后拉出。在下一个针目里插入钩针，同样挂线后拉出。

2 再次在针上挂线，引拔穿过针上的3个线圈。

3 2针短针并1针完成（减了1针）。

※中长针、长针等的并针，虽然钩织方法不同，针数不同，但是基本要领是一样的，都是钩指定数目的未完成的针目后，一次引拔穿过所有线圈。

3针长针的枣形针（成束挑针）

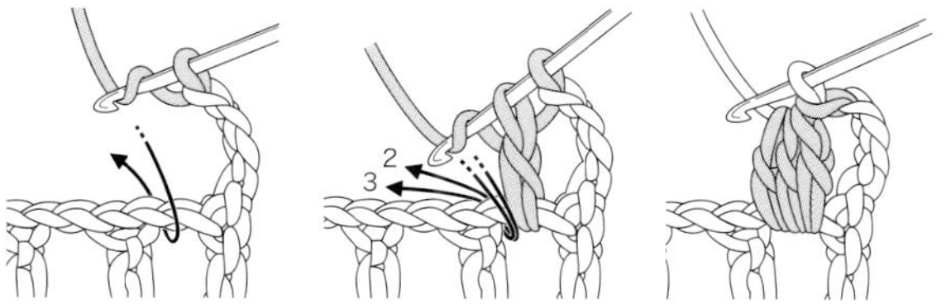

1 在针上挂线后，将钩针插入前一行锁针下方的空隙里（成束挑针）。

2 钩3针未完成的长针，在针上挂线，一次引拔穿过针上的4个线圈。

3 3针长针的枣形针完成。

变化的2针中长针的枣形针（在针目里插入钩针）

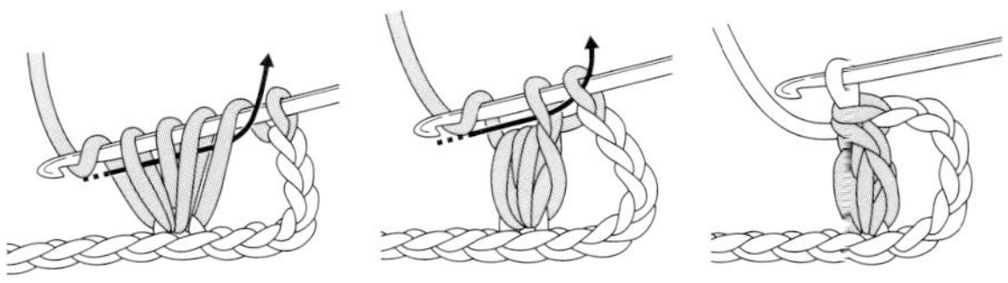

1 在同一个针目里钩2针未完成的中长针，在针上挂线后引拔穿过4个线圈（剩下最右边的线圈）。

2 再在针上挂线，引拔穿过剩下的2个线圈。

3 变化的2针中长针的枣形针完成。

※中长针、长针等的枣形针，虽然钩织方法不同，针数不同，但是基本要领是一样的，都是钩指定数目的未完成的针目后，一次引拔穿过所有线圈。

※如果符号图的根部是连在一起的，在前一行的1个针目里插入钩针钩织；如果符号图的根部是分开的，则成束挑起前一行的锁针针目钩织。

长针的正拉针

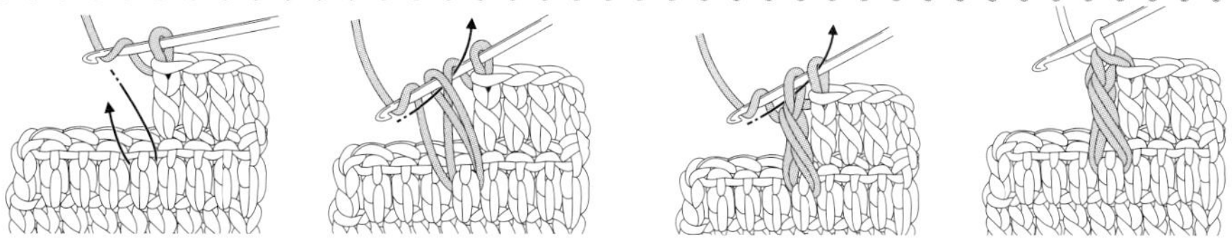

1 在针上挂线，然后如箭头所示，从前面插入钩针，挑取前一行针目的整个足部。

2 在针上挂线后拉出，将线拉得稍微长一点。再次挂线，引拔穿过针上的前2个线圈。

3 再次在针上挂线，引拔穿过剩下的2个线圈（钩长针）。

4 长针的正拉针完成。

短针的反拉针

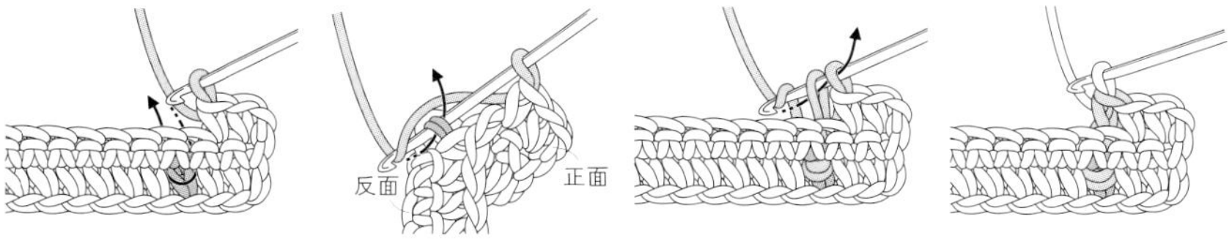

1 如箭头所示，从后面插入钩针，挑取前一行针目的整个足部。

2 在针上挂线后拉出，将线拉得稍微长一点。

3 在针上挂线，引拔穿过针上的2个线圈（钩短针）。

4 短针的反拉针完成。

※正拉针是在步骤1中从前面插入钩针。

反短针

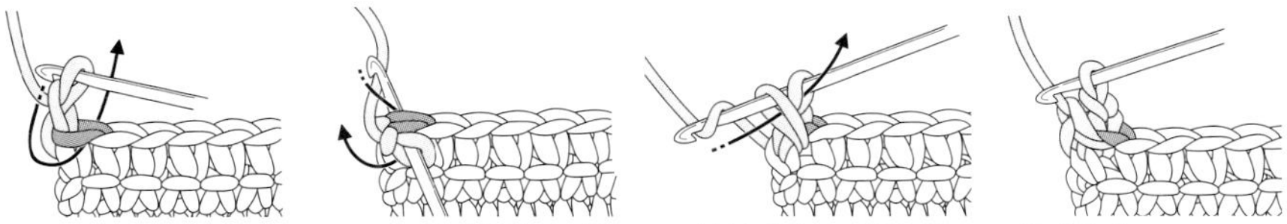

1 钩1针锁针的立针，如箭头所示转动钩针，挑取前一行针目头部的2根线。

2 从线的上方挂线，直接将线拉出。

3 在针上挂线，引拔穿过针上的2个线圈（钩短针）。

4 反短针完成。
※接下来的针目重复步骤1~3（从左向右钩织）。

钩入串珠的方法

＊钩入的串珠出现在织物的反面

 锁针　 短针

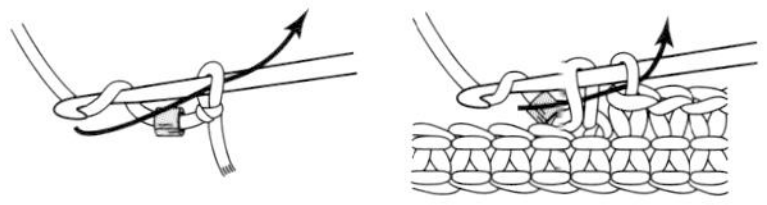

将串珠滑过来，再在针上挂线钩锁针。

在未完成的短针的状态下，将串珠滑过来，再钩短针。

 长针（在1针里钩入2颗串珠的情况）

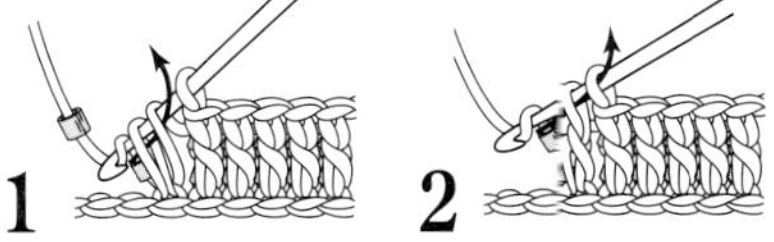

1 在针上挂线，挑取前一行的针目，将线拉出。滑过1颗串珠后，在针上挂线，引拔穿过前2个线圈。

2 在未完成的长针的状态下，再滑过1颗串珠，在针上挂线，引拔穿过剩下的2个线圈。

长针1针交叉

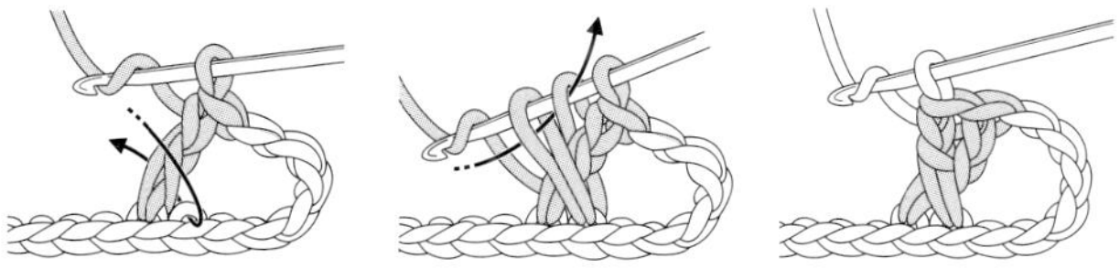

1 钩1针长针。然后在针上挂线，在前面的1个针目里插入钩针，挂线后将线拉出，将刚才钩的长针包在里面。

2 在针上挂线，引拔穿过前2个线圈。再次挂线，引拔穿过剩下的2个线圈（钩长针）。

3 长针1针交叉完成。

3针锁针的狗牙拉针（钩在长针上）

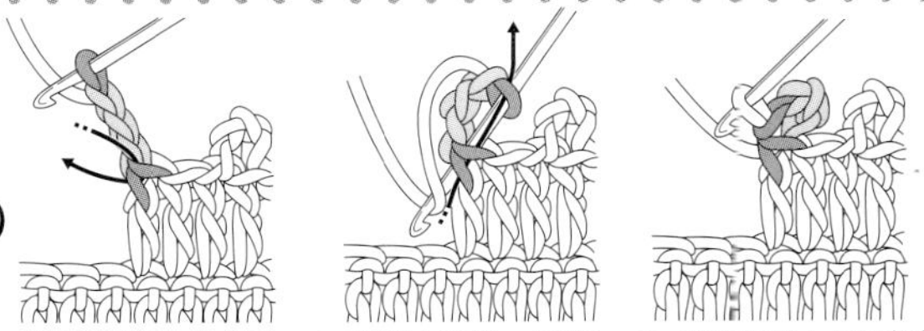

1 钩3针锁针，如箭头所示，将钩针插入长针头部的1根线和足部的1根线里。

2 在针上挂线，如箭头所示，一次引拔拉出。

3 钩在长针上的3针锁针的狗牙拉针完成。

罗纹绳

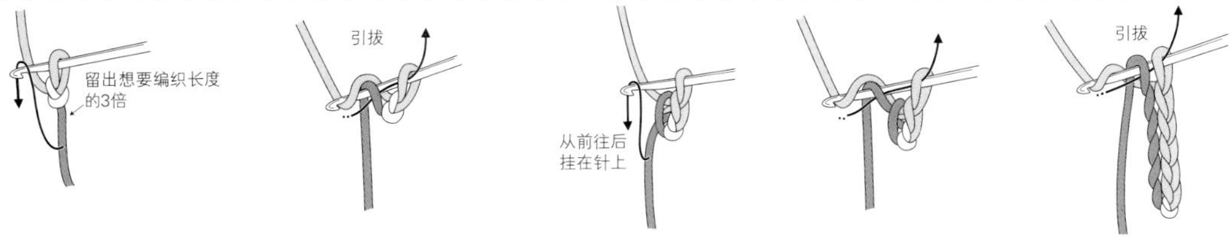

1 预留3倍于想要编织长度的线头，制作最初的针目锁针。将线头从前往后挂在针上。

2 在针上挂线，引拔穿过针上的线头和线圈（锁针）。

3 1针完成。下一个针目也将线头从前往后挂在针上。

4 一起引拔钩锁针。

5 重复步骤3、4，钩织结束时将线从线圈中引拔拉出即可。

棒针

棒针的拿法

法式

这是将线挂在左手食指上的编织方法，合理使用10根手指，可以快速编织。建议初学者使用这种方法。

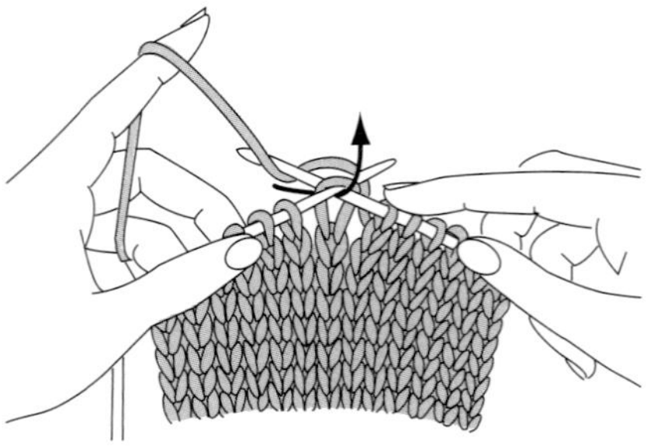

棒针的法式拿法是用拇指和中指拿针，无名指和小指自然地放在后面。右手的食指也放在棒针上，可以调整棒针的方向，同时按住边上的针目以防止脱针。用整个手掌拿着织片。

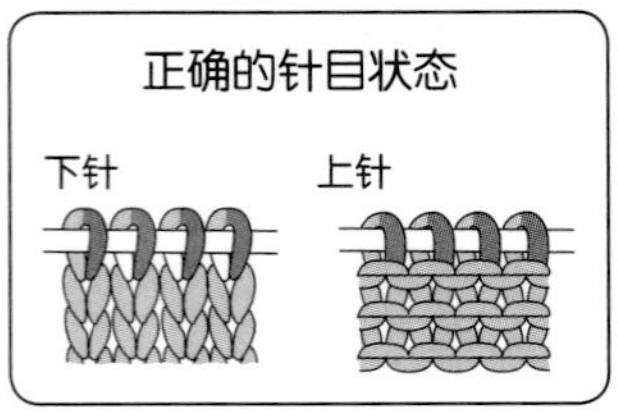

手指挂线起针

这种起针方法很简单，除了编织用线和针之外不需要任何其他工具。使用这种方法起的针目具有伸缩性、比较薄，而且很平整。起好的针目就是第1行了。

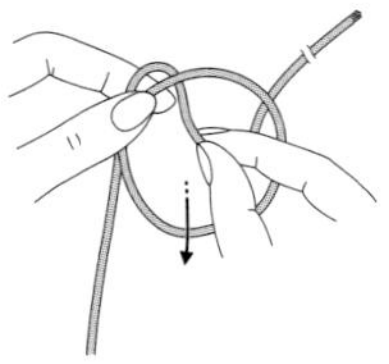

1 预留3倍于所需编织宽度的线头，制作1个线环，将线从线环中拉出。

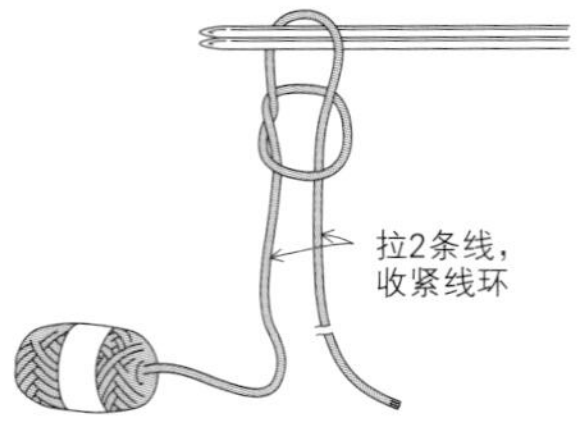

2 穿入2根棒针，拉2条线，收紧线环。

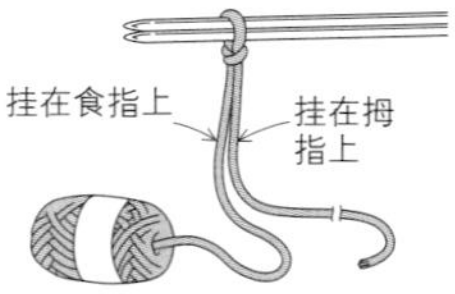

3 第1针完成的状态。将线头一侧的线挂在左手的拇指上，将线团一侧的线挂在左手的食指上。

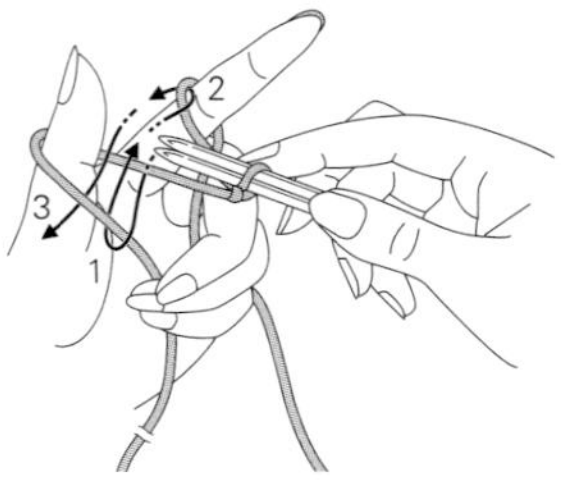

4 按照指尖上1、2、3的顺序，转动棒针进行挂线。

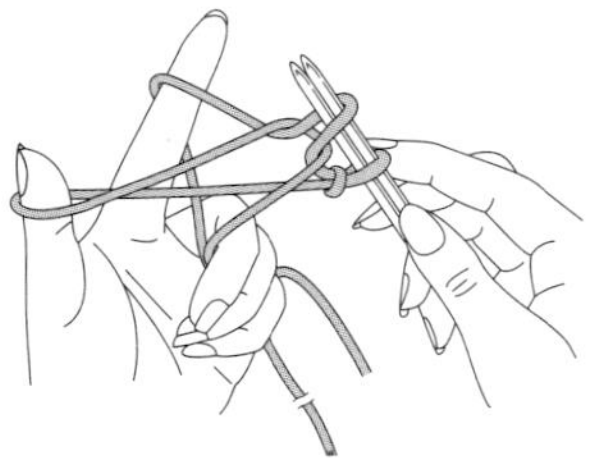

5 放开挂在拇指上的线。

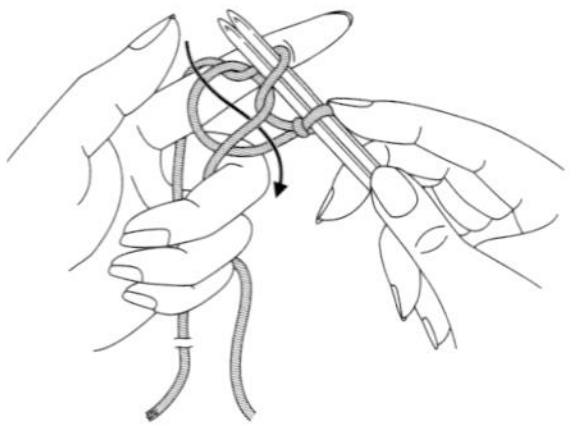

6 如箭头所示插入拇指，拉紧针目。

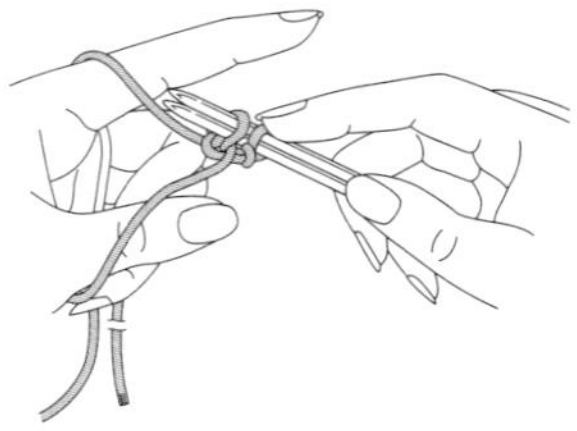

7 第2针完成。重复步骤**4~6**。

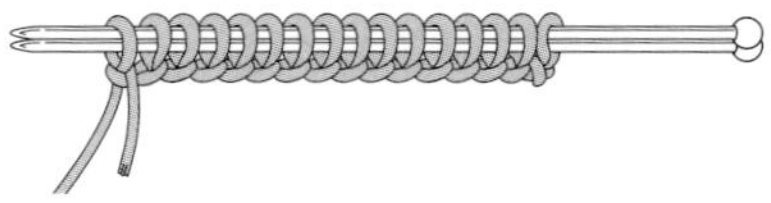

8 起针完成。这就是第1行。抽出1根棒针后再编织第2行。

希望大家掌握的基础针目

下针

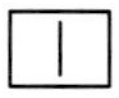

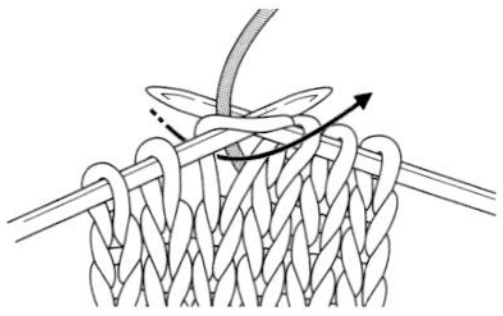

上针

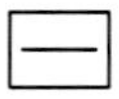

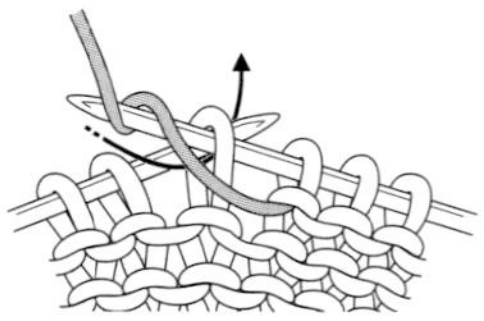

挂针

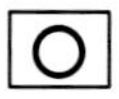

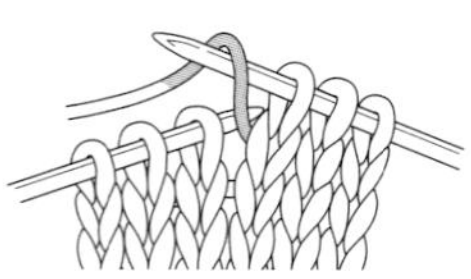

扭针

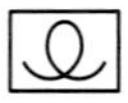

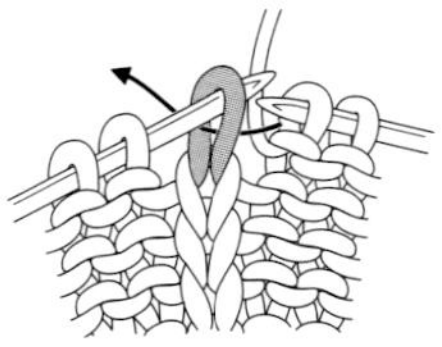

1 如箭头所示，将右棒针从后面插入，使针目扭转。

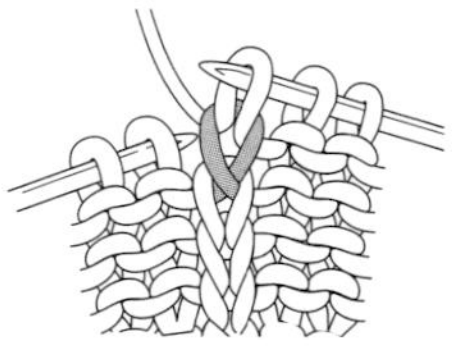

2 在右棒针上挂线，织下针。下面一行针目的根部呈扭转状态。

右上2针并1针

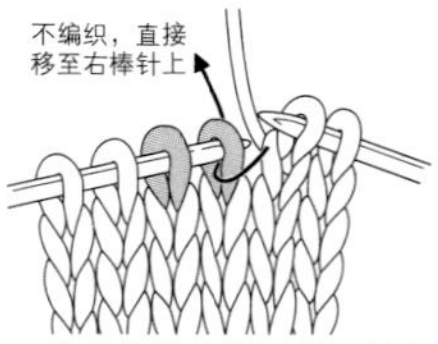

1 将右棒针从前面插入右边的针目里，不编织，直接将该针目移至右棒针上。

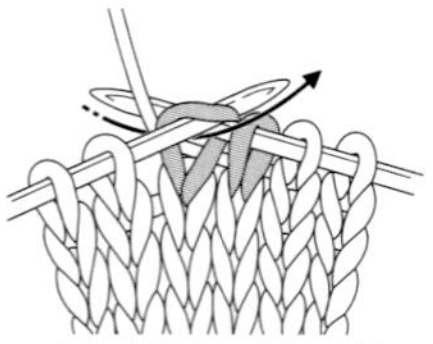

2 在左边的针目里织下针。

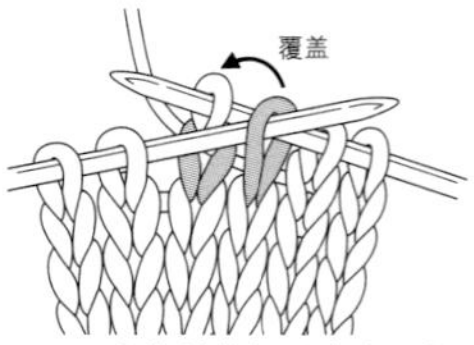

3 用左棒针挑起刚才移至右棒针上的针目，将其覆盖至步骤**2**中所织的针目上。

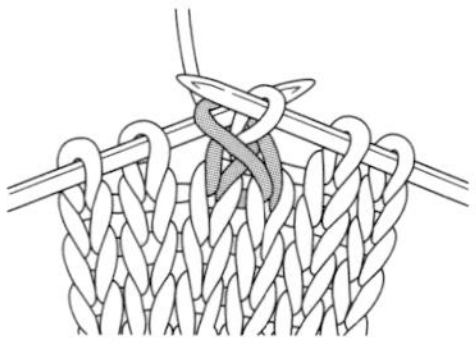

4 覆盖后，退出左棒针。

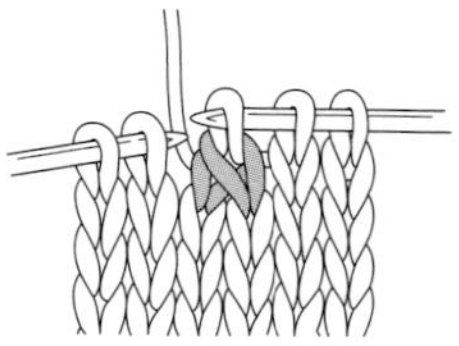

5 右上2针并1针完成。

左上2针并1针

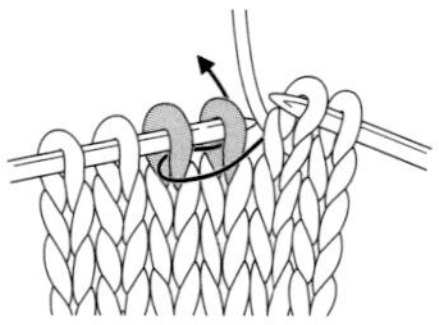

1 如箭头所示，将右棒针从左边一次插入2个针目里。

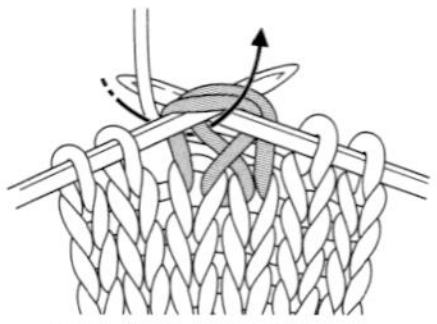

2 挂线后拉出，2针一起织下针。

上针的左上2针并1针

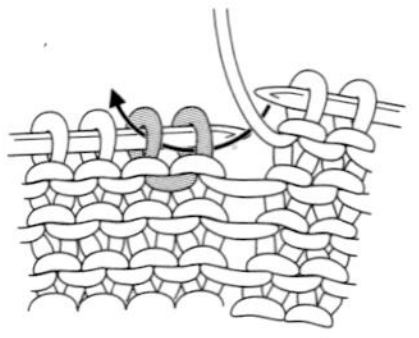

1 如箭头所示，将右棒针从左边一次插入2个针目里。

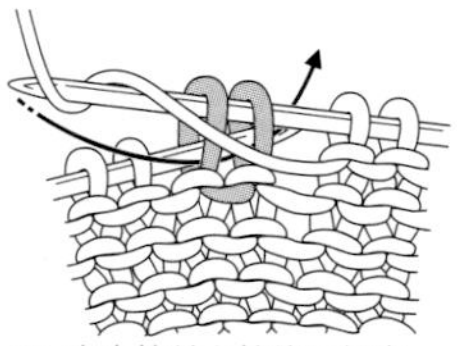

2 在右棒针上挂线后拉出，2针一起织上针。

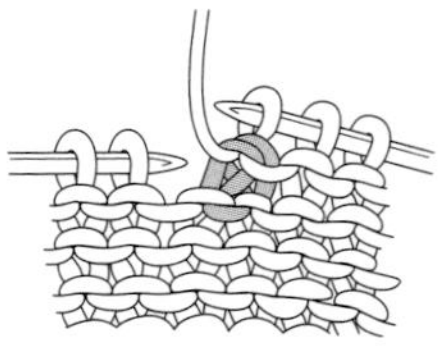

3 上针的左上2针并1针完成。

上针的右上2针并1针

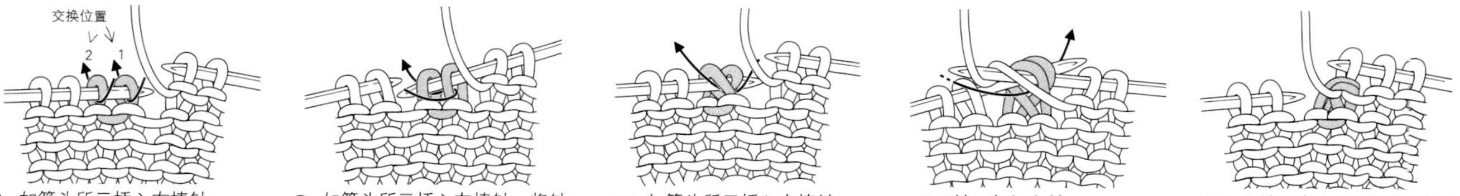

1 如箭头所示插入右棒针，将针目移至右棒针上。

2 如箭头所示插入左棒针，将针目移回至左棒针上。2个针目交换位置后，右边的针目在上。

3 如箭头所示插入右棒针。

4 2针一起织上针。

5 上针的右上2针并1针完成。

中上3针并1针

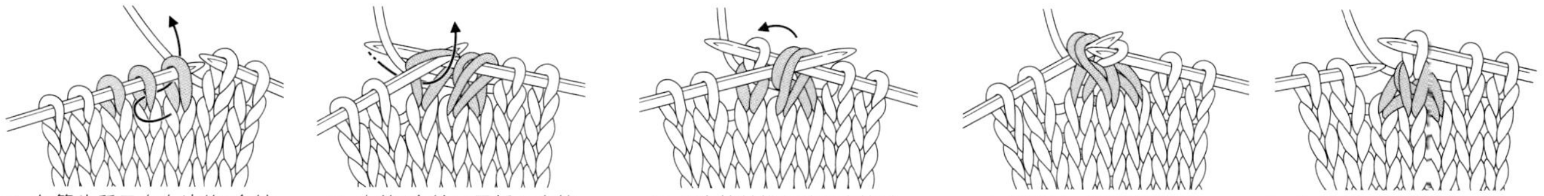

1 如箭头所示在右边的2个针目里插入右棒针，不编织，将针目直接移至右棒针上。

2 在第3个针目里插入右棒针，挂线后拉出，织下针。

3 用左棒针挑起移至右棒针上的2个针目，将其覆盖至刚才所织的针目上。

4 覆盖后，退出左棒针。

5 中上3针并1针完成。

扭针加针（下针）

(右侧)

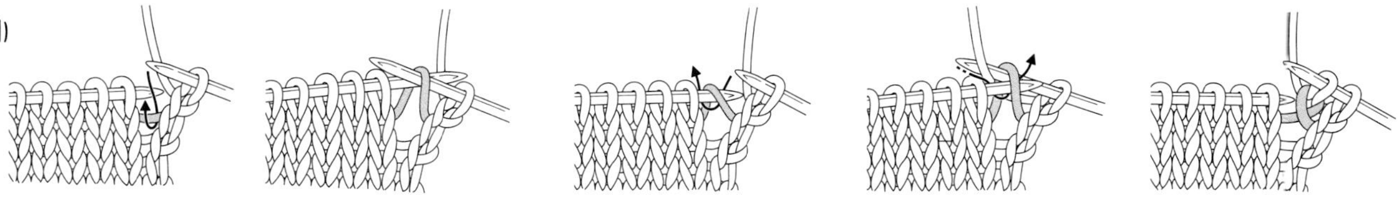

1 先编织加针位置前面的1针，然后如箭头所示插入右棒针。

2 将右棒针挑起的线圈移至左棒针上。

3 在移至左棒针上的针目里，如箭头所示插入右棒针。

4 在右棒针上挂线，如箭头所示将线拉出（织下针）。

5 退出左棒针，右侧的扭针加针完成。

(左侧)

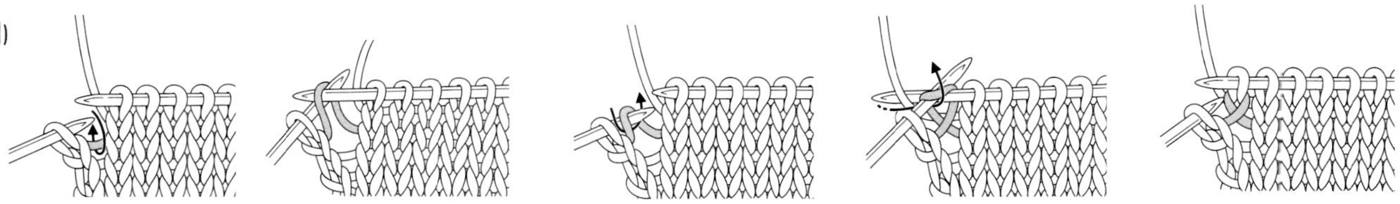

1 先编织加针位置前面的1针，然后如箭头所示插入右棒针。

2 将右棒针挑起的线圈移至左棒针上。

3 在移至左棒针上的针目里，如箭头所示插入右棒针。

4 在右棒针上挂线，如箭头所示将线拉出（织下针）。

5 退出左棒针，左侧的扭针加针完成。

伏针收针（下针）

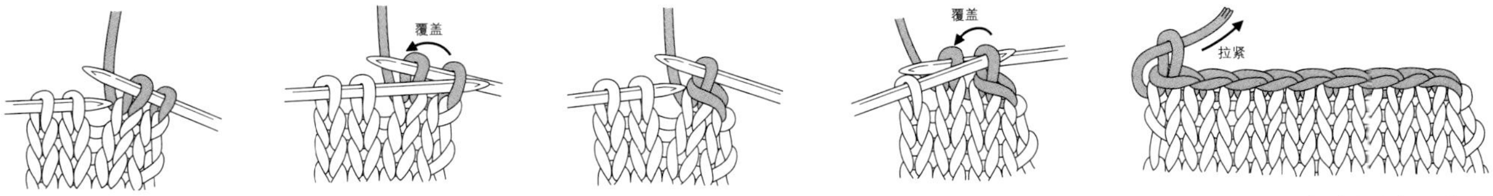

1 边上的2针织下针。

2 用左棒针挑起前面1针覆盖至第2针上。

3 伏针完成。

4 下一个针目也织下针，用左棒针挑起前面1针覆盖至后面1针上。

5 重复步骤**4**，最后将线穿过针目后拉紧。

下针缝合

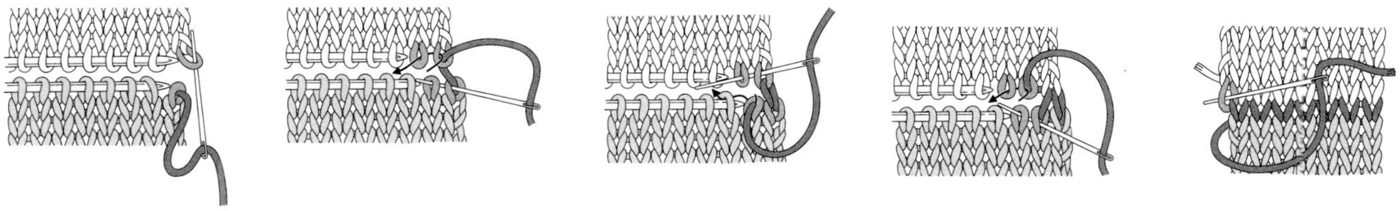

1 将两片织片对齐放好，从上面织片的边针的反面插入缝针。

2 如箭头所示，先穿过下面织片的2个针目，然后在上面织片的2个针目里插入缝针。

3 接下来，如箭头所示，在下面织片的2个针目里插入缝针。

4 再在上面织片的2个针目里插入缝针。重复步骤**2~4**。

5 最后将缝针从前往后插入上面织片的针目里。2片织片的边上有半针是错开的。在反面处理好线头。

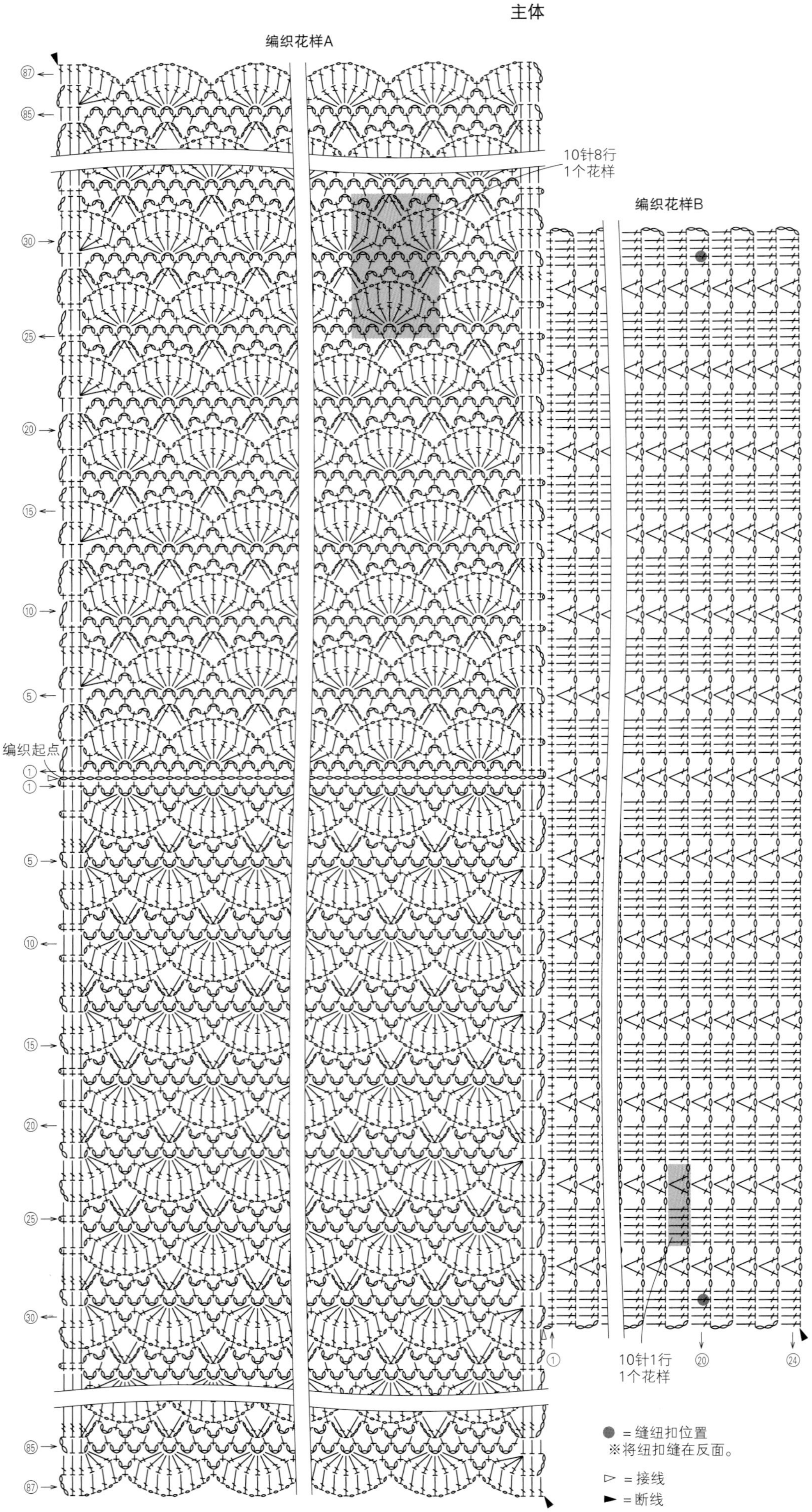

● = 缝纽扣位置
※将纽扣缝在反面。

▷ = 接线

► = 断线

p.7

等针直编的披肩式小开衫

材料与工具

后正产业 Tours 米色（02）180g，直径 15mm 的木质纽扣 2 颗

钩针 4/0 号

成品尺寸

宽 145cm，长 53cm

编织密度

10cm×10cm 面积内：编织花样 A 22.5 针，12 行；编织花样 B 27 针，10 行

制作要点

●主体部分钩 65 针锁针起针，按编织花样 A 钩 87 行。在起针的另一侧挑针，按同样的方法钩织。

●参照图解，从编织花样 A 上挑取 135 针，按编织花样 B 钩 24 行。

●在缝纽扣位置（反面）缝上纽扣。

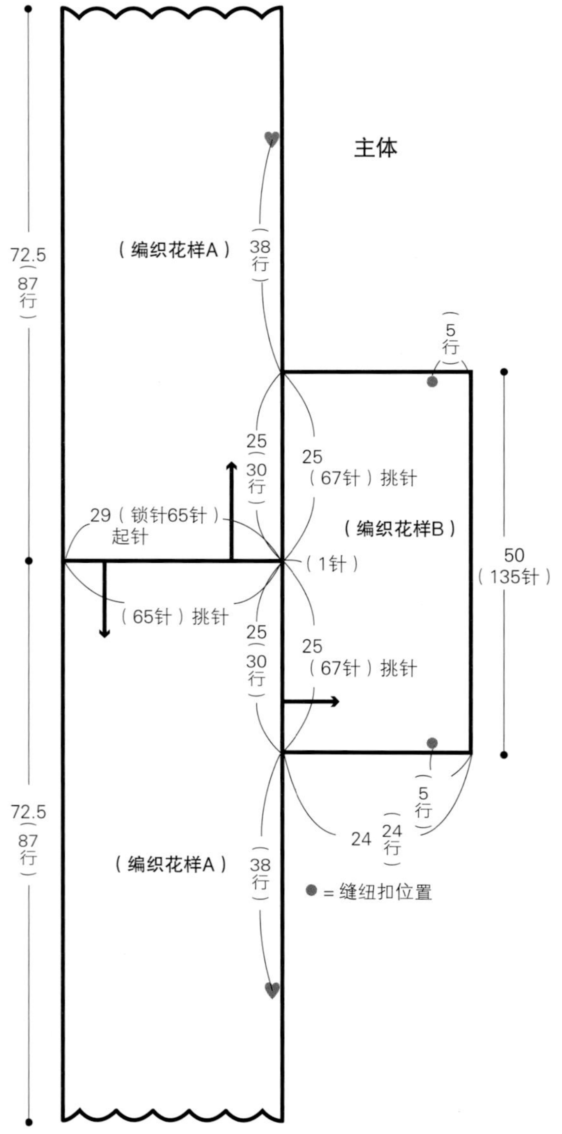

♥ = 扣眼位置
利用长长针的边针和第2针之间的空隙

p.6

波浪褶边围巾和收纳袋

材料与工具

围巾：后正产业 Julien 杏粉色夹金银丝线（74）70g，钩针 3/0 号

收纳袋：Julien 杏粉色夹金银丝线（74）30g，宽 1cm 的天鹅绒丝带 75cm，钩针 3/0 号

成品尺寸

围巾：宽 15cm，长 124.5cm

收纳袋：宽 18cm，深 22cm

编织密度

10cm×10cm 面积内：编织花样 A 35 针，11.5 行；编织花样 B 30 针，10 行

制作要点

围巾

●钩 49 针锁针起针，按编织花样 A 钩 133 行。

●参照图解，钩 3 行边缘编织 B，断线。

●将边缘编织 B 往前面折叠，在编织花样 A 第 133 行的枣形针上挑针，钩 5 行边缘编织 C。

●在起针的另一侧挑针，按同样的方法钩织边缘编织 B 和边缘编织 C。

●在围巾的两侧分别钩 1 行边缘编织 A。

收纳袋

●钩 52 针锁针起针，按编织花样 B 环形钩织 18 圈。

●继续钩 4 圈边缘编织。

●在穿丝带位置穿入丝带，打上蝴蝶结。

围巾

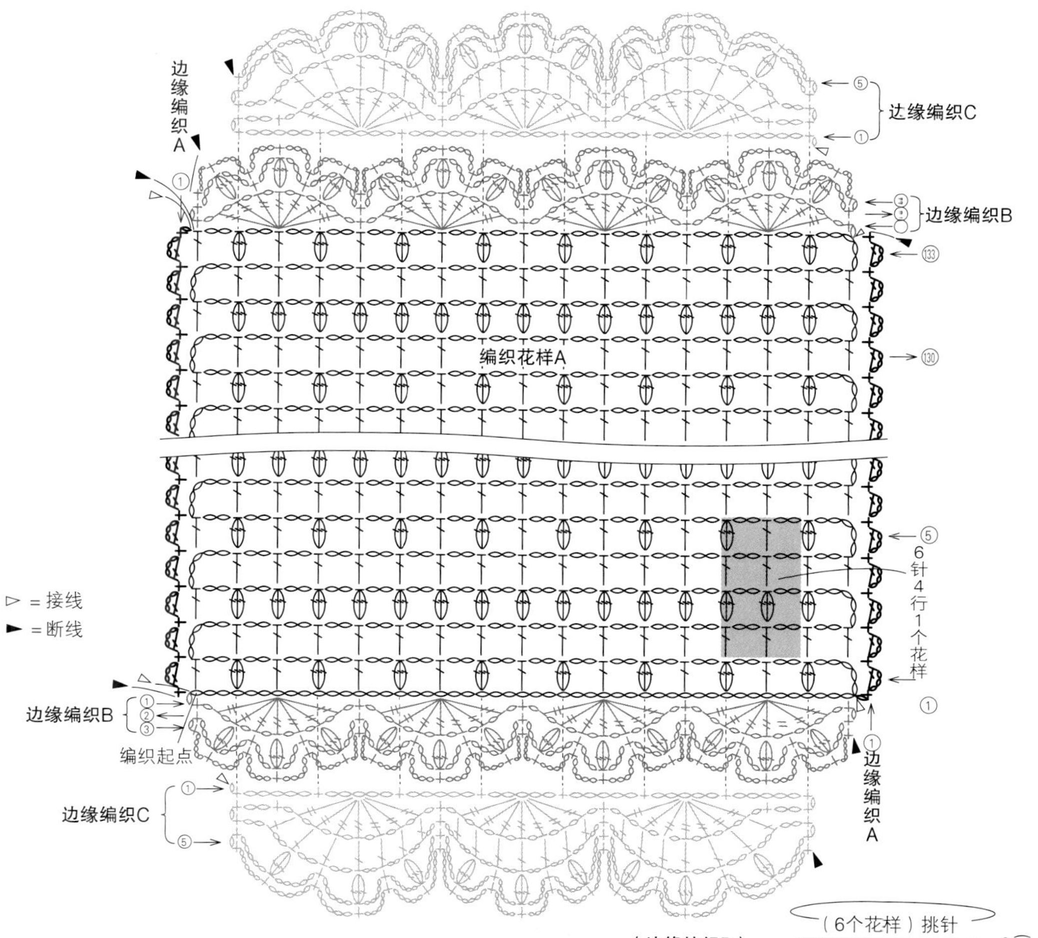

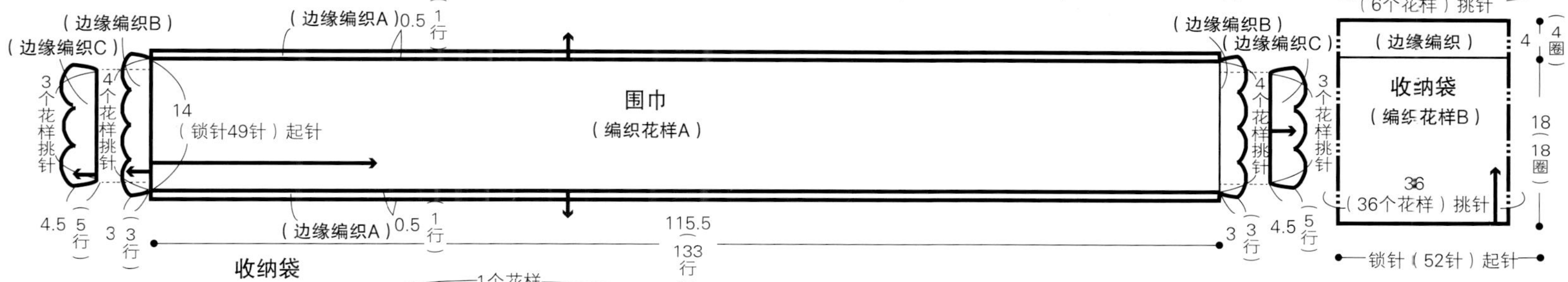

收纳袋

穿丝带位置

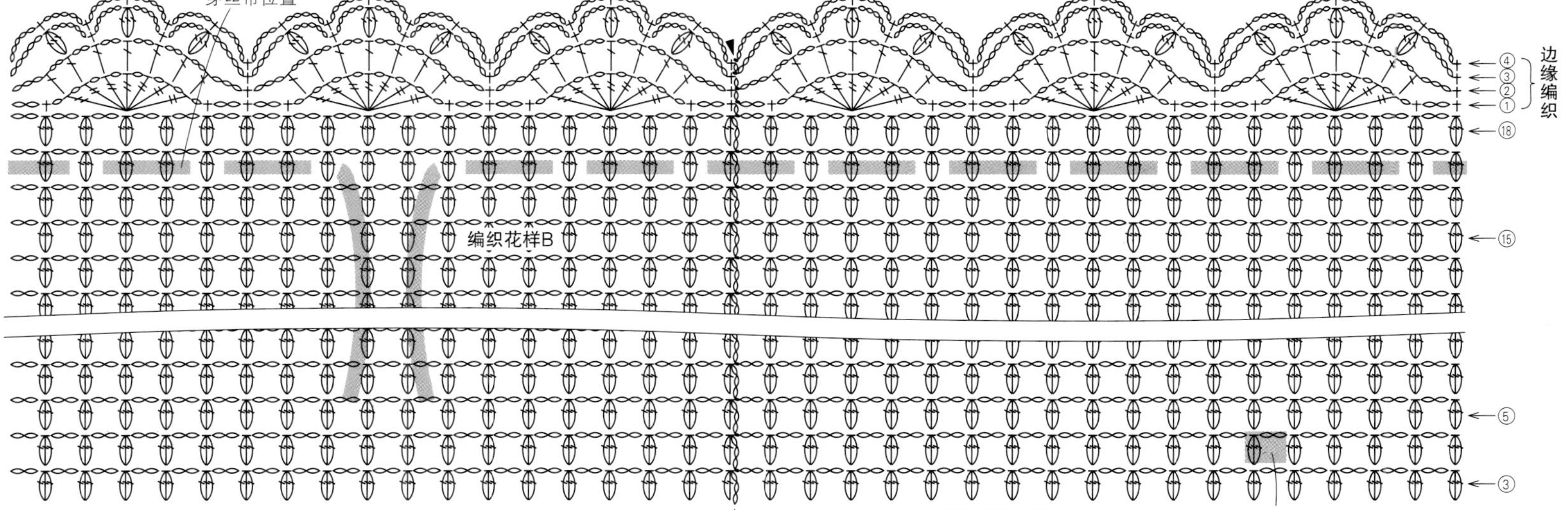

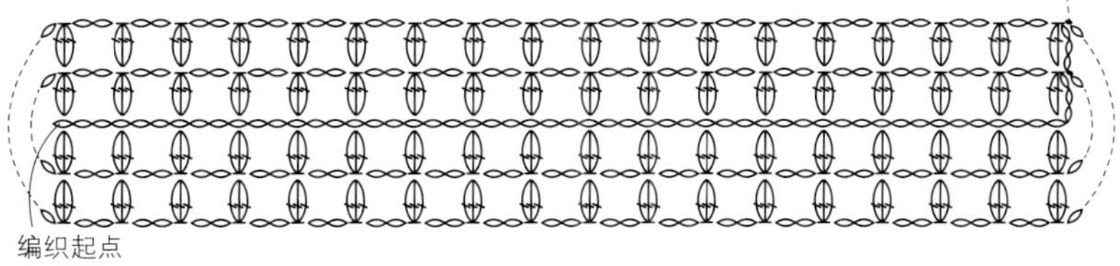

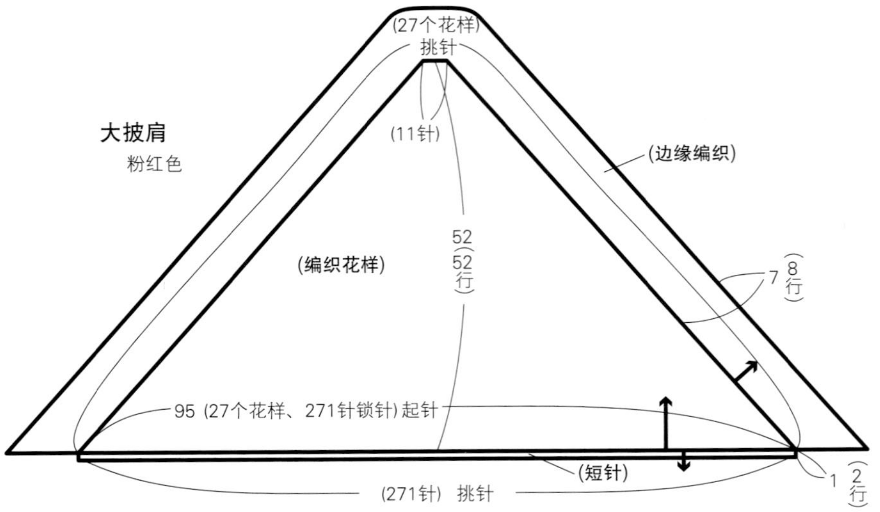

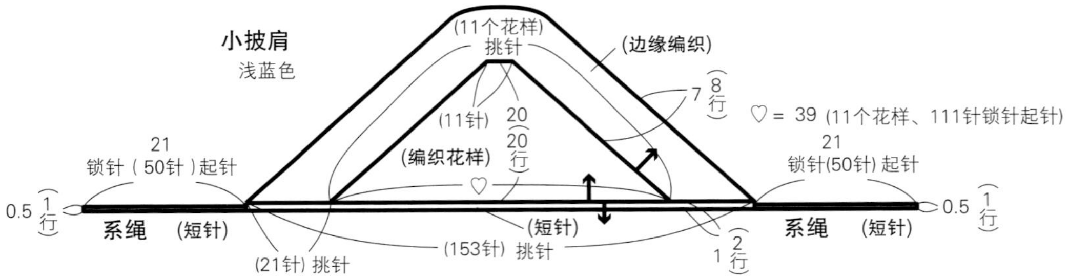

p.9
三角形披肩和收纳袋

材料与工具
大披肩：后正产业 MULBERRY 粉红色（02）260g
小披肩：orgabits One 浅蓝色（07）50g
收纳袋：MULBERRY 粉红色（02）85g
钩针 5/0 号

成品尺寸
大披肩：宽 109cm，长 59cm
小披肩：宽 58cm，长 28cm（不含罗纹绳）
收纳袋：宽 25cm，深 20cm（不含边缘编织）

编织密度
10cm×10cm面积内：编织花样 28.5针，10行

制作要点
●大披肩钩271针锁针起针，如图所示，一边减针一边钩52行编织花样。从主体挑针后钩边缘编织和短针。
●小披肩钩111针锁针起针，与大披肩的钩织要领相同，钩20行编织花样。从主体挑针后钩边缘编织和短针。参照图解，连起来钩织系绳的短针部分。
●收纳袋钩71针锁针起针，如图所示钩40行编织花样，在编织终点一侧和编织起点一侧钩边缘编织。将主体部分对折，将两侧边用卷针缝缝合。钩2根罗纹绳，穿入主体后缝上小饰环。

大披肩

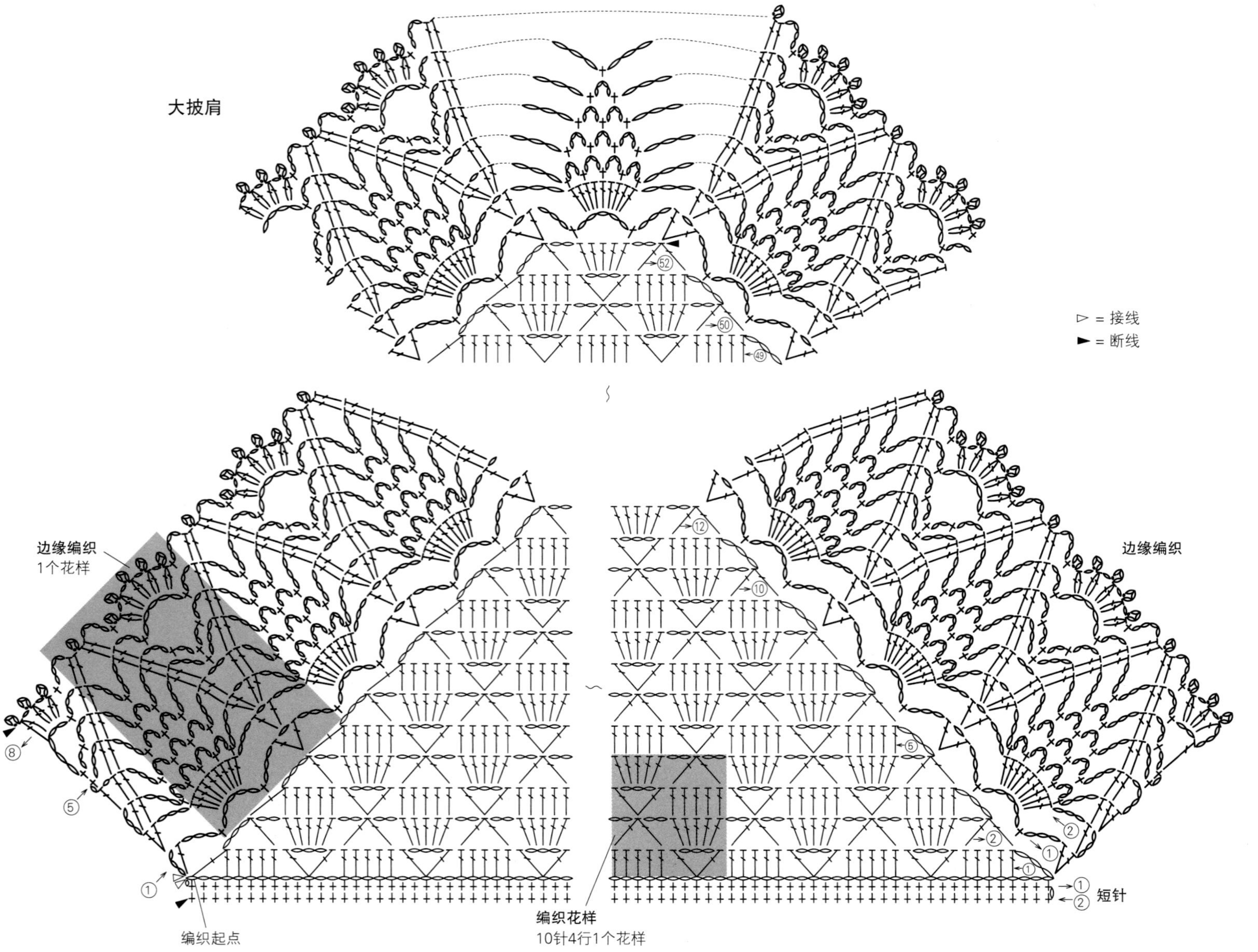

※小披肩的编织花样的编织终点与大披肩的相同。

小披肩

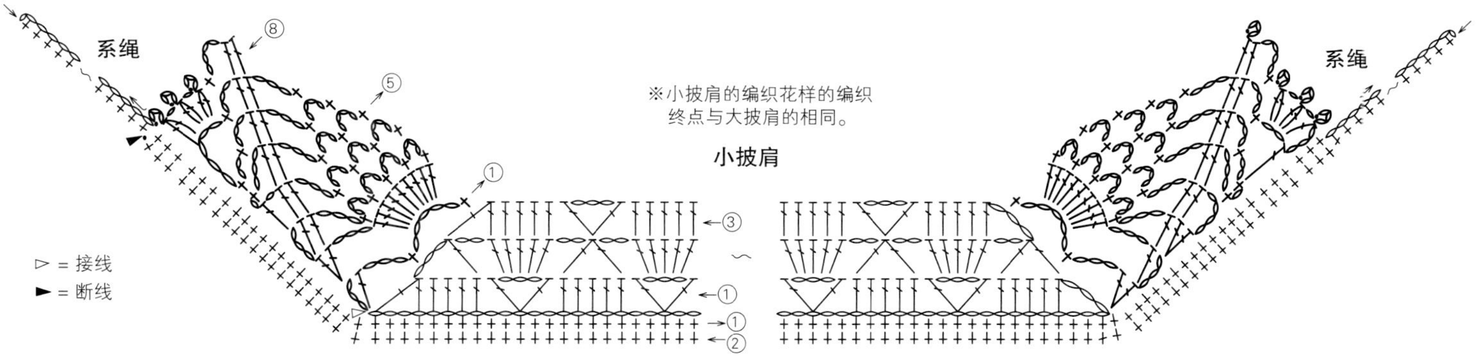

收纳袋 粉红色

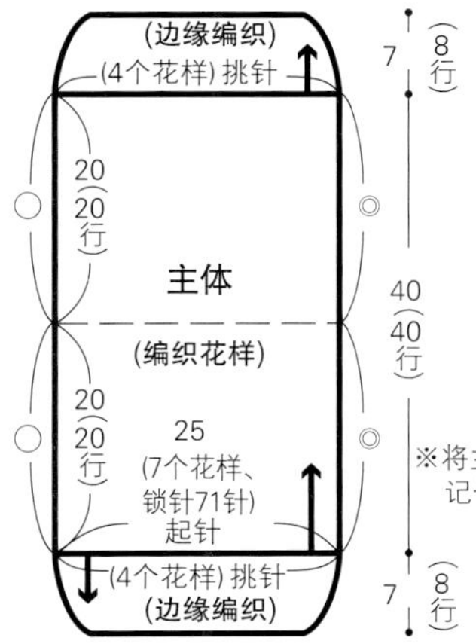

※将主体正面朝内对折，卷针缝缝合相同记号（◎、○）部分，翻至正面。

罗纹绳 2根
粉红色

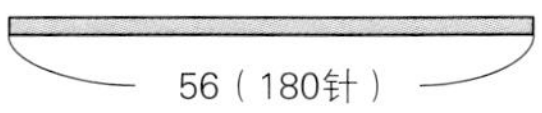

小饰环 2个
粉红色

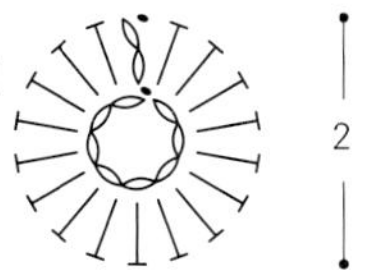

将2根罗纹绳分别从两侧穿入，在两端缝上小饰环

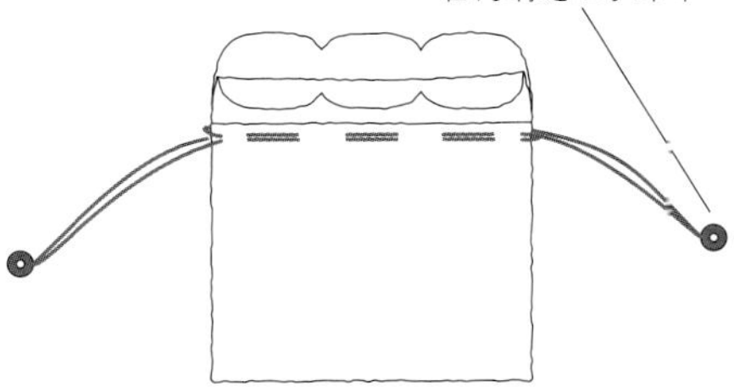

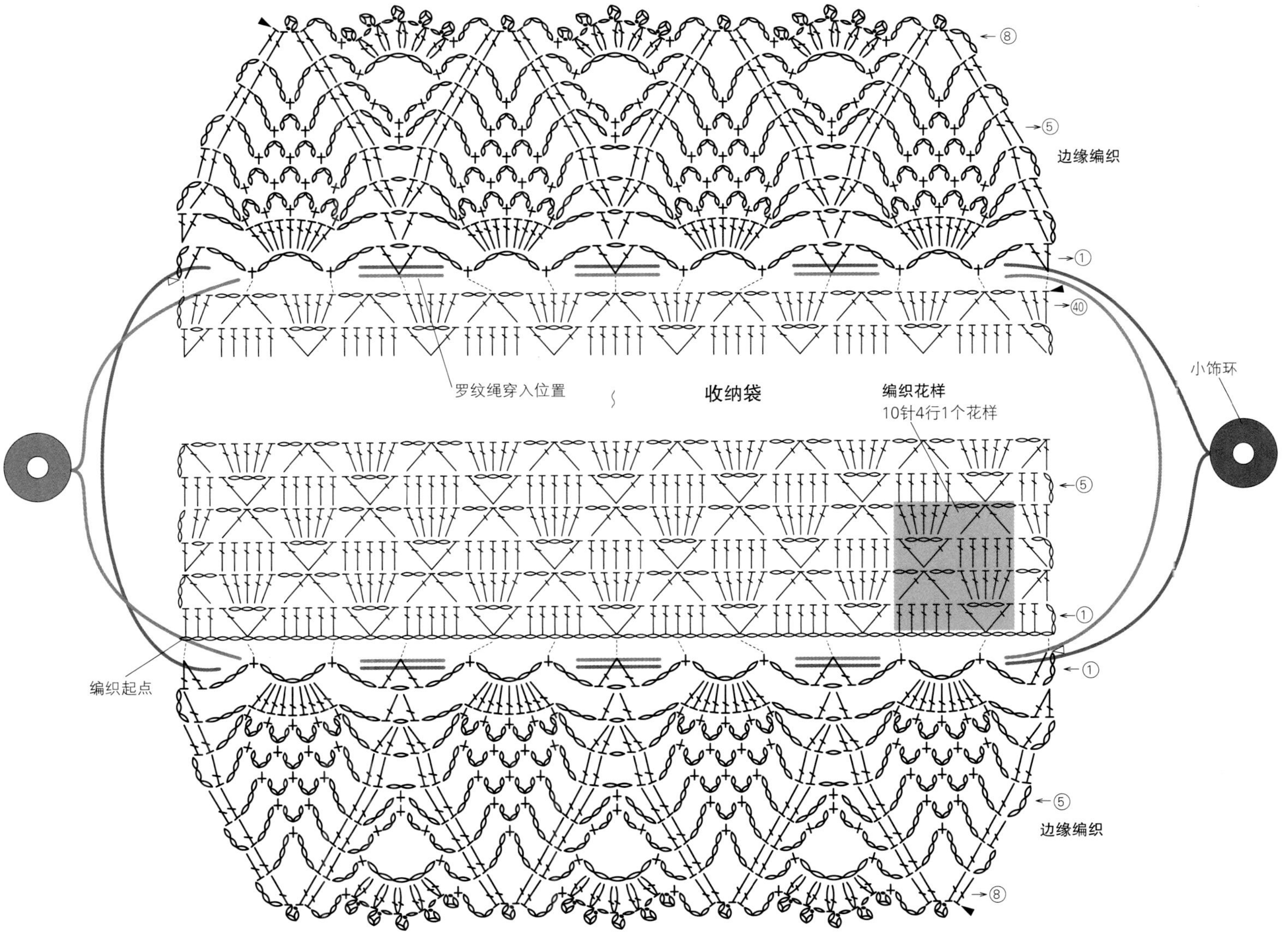

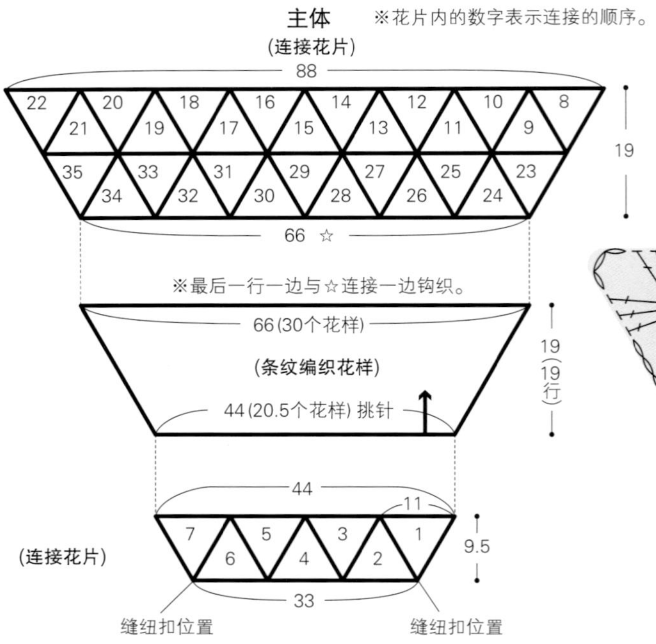

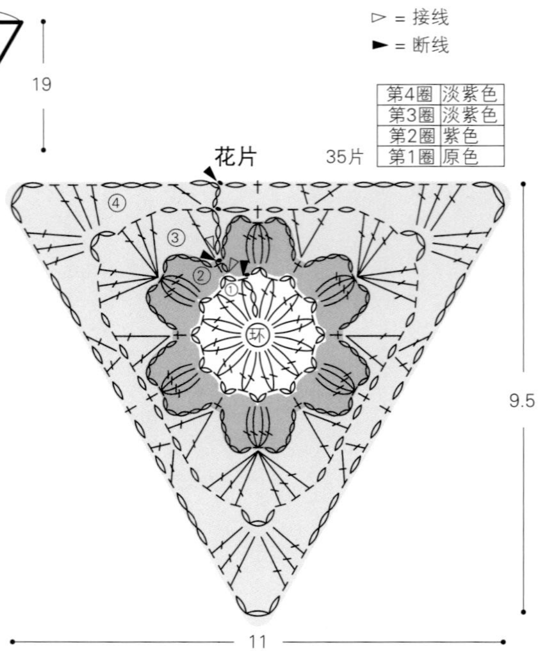

p.10
花片连接的梯形披肩

材料与工具

后正产业　orgabits　One　原色（01）35g，紫色（08）50g，淡紫色（05）100g，直径20mm的纽扣 2颗

钩针 4/0 号

成品尺寸

宽 96cm，长 47.5cm

编织密度

10cm×10cm 面积内：条纹编织花样 5 个花样 10 行

制作要点

●环形起针钩织花片，如图所示进行连接。分别连接下侧的 7 片花片和上侧的 28 片花片。

●从下侧的 7 片花片上挑取针目，钩织条纹编织花样。参照图解在两端逐渐加针。最后一行与上侧的连接花片进行连接。

●在两侧钩边缘编织。

●在图示指定位置缝上纽扣。

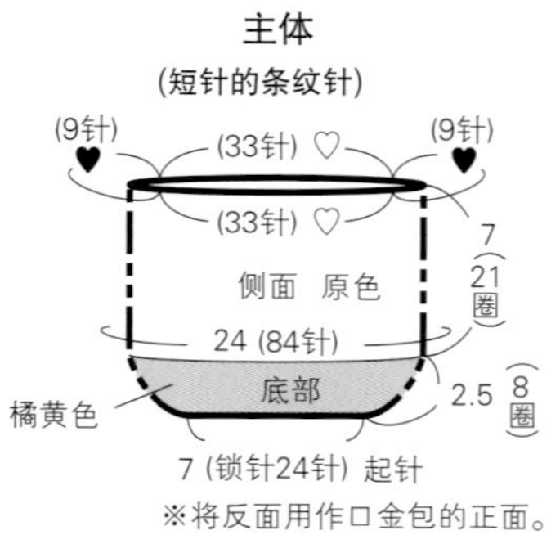

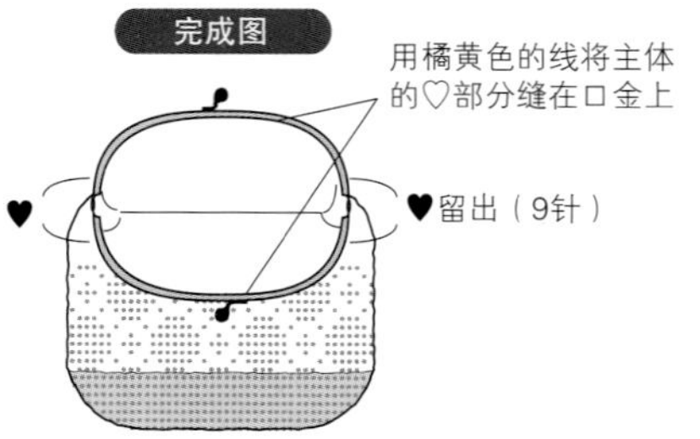

p.47
蜂巢花样的口金包

材料与工具

Olympus Emmy Grande <Herbs> 橘黄色（171）5g，Olympus Emmy Grande 原　色（804）10g，MIYUKI 大号圆串珠 橘黄色（753）1504 颗

宽 9cm、高 4.5cm（不含口金上的小球）的带孔口金 银色 1 个

钩针 2/0 号

成品尺寸

宽 12cm，深 9.5cm（不含口金）

编织密度

10cm×10cm 面积内：短针 35 针，30 行

制作要点

●在橘黄色线中穿入 582 颗串珠，钩 24 针锁针起针，按图解钩织底部。从第 2 圈开始，无须钩立针，一边钩入串珠，一边环形钩织短针的条纹针。

●在原色线中穿入 922 颗串珠后钩织侧面部分。如图所示按串珠花样钩织短针的条纹针。

●串珠突出的一面作为口金包的正面，用橘黄色的线将主体缝在口金上。

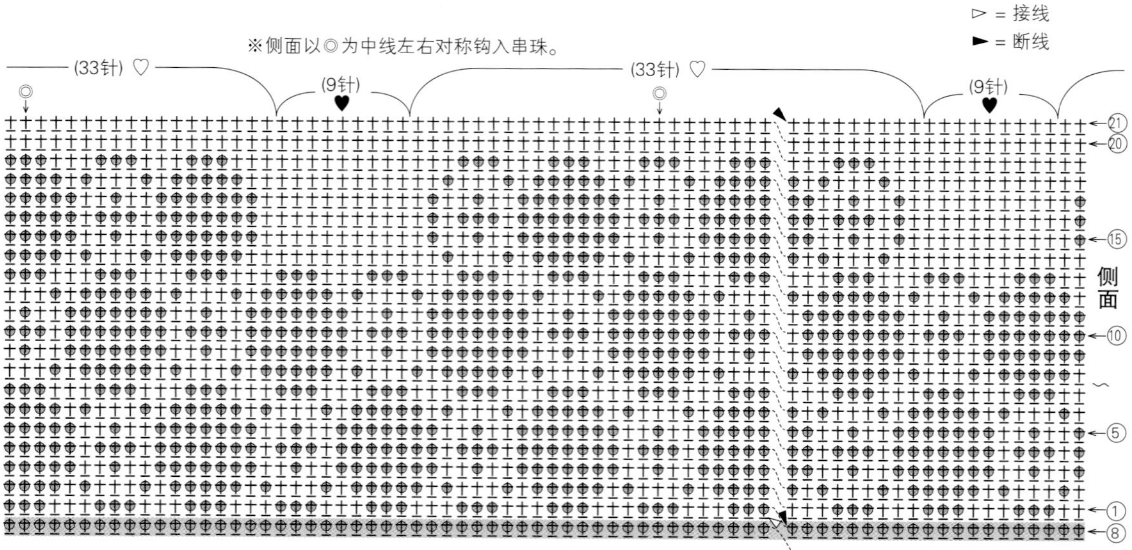

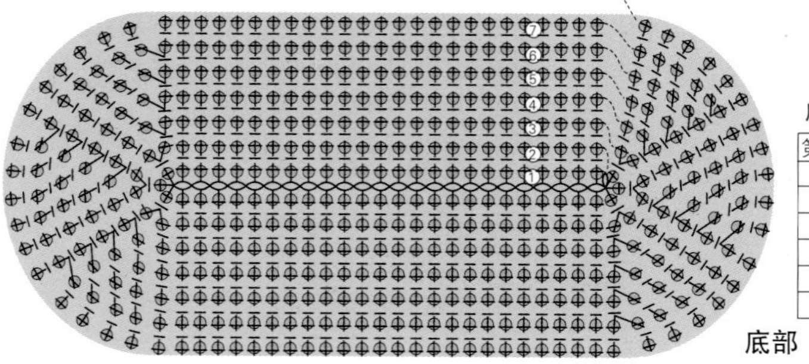

⼗ = 短针的条纹针

● = 钩入串珠

底部的针数表

第7、8圈	84 针	
第6圈	84 针	（+6针）
第5圈	78 针	（+6针）
第4圈	72 针	（+6针）
第3圈	66 针	（+6针）
第2圈	60 针	（+6针）
第1圈	54 针	

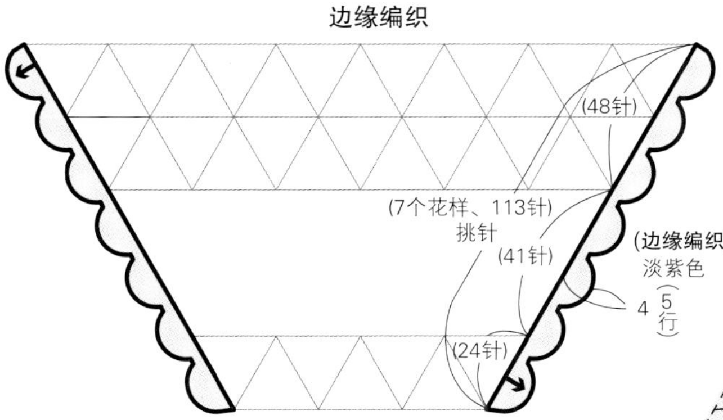
边缘编织
(48针)
(7个花样、113针)
挑针
(41针)
(边缘编织)
淡紫色
4 (5行)
(24针)

9
8
扣眼
※左右对称。

25
24
23
26
⑲
⑲
⑰

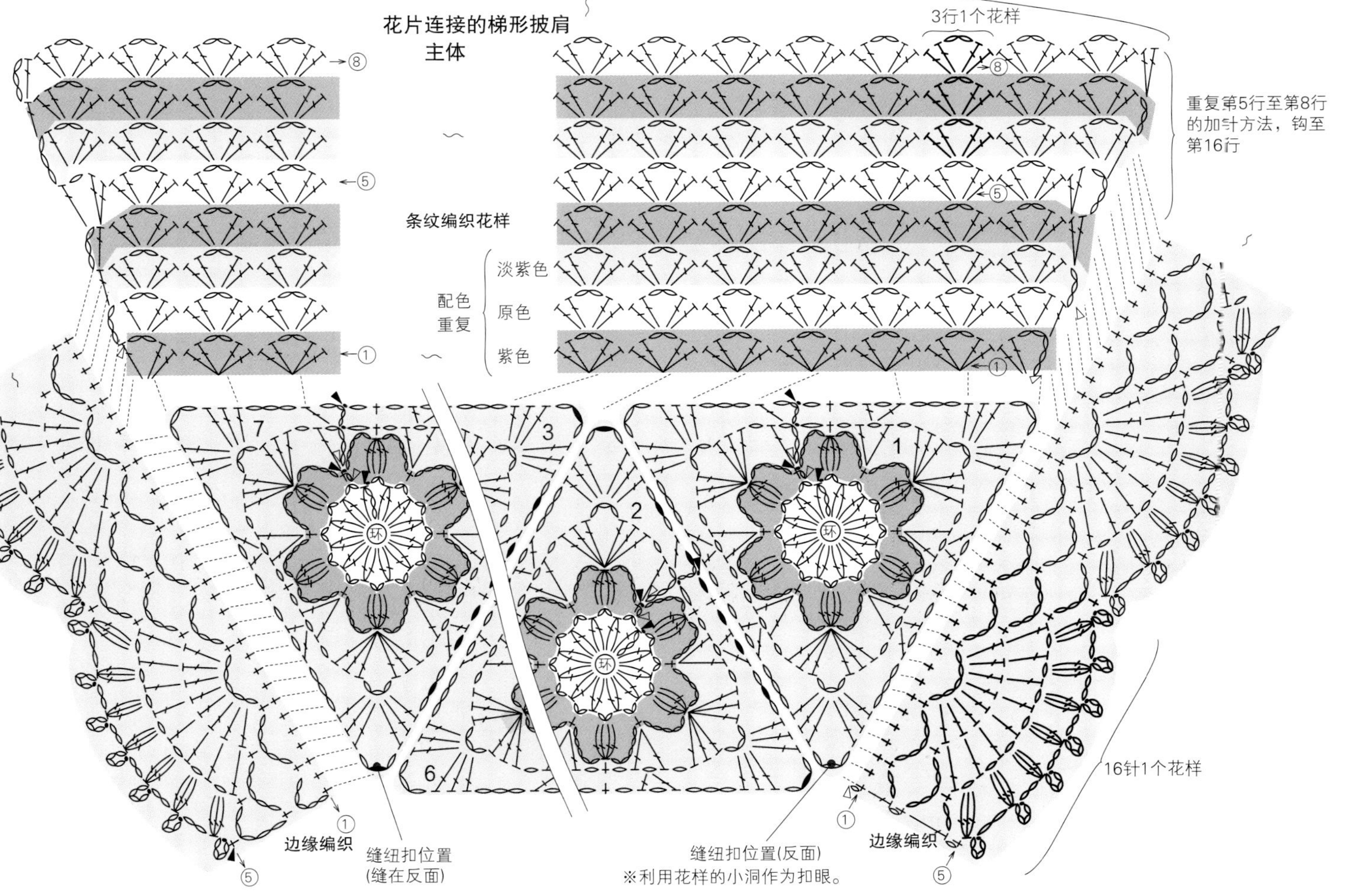
花片连接的梯形披肩
主体
3行1个花样
⑧
⑧
重复第5行至第8行的加针方法，钩至第16行
⑤
⑤
条纹编织花样
配色重复
淡紫色
原色
紫色
①
①
7
3
1
2
6
16针1个花样
①
①
边缘编织
⑤
缝纽扣位置
(缝在反面)
缝纽扣位置(反面)
※利用花样的小洞作为扣眼。
边缘编织
⑤

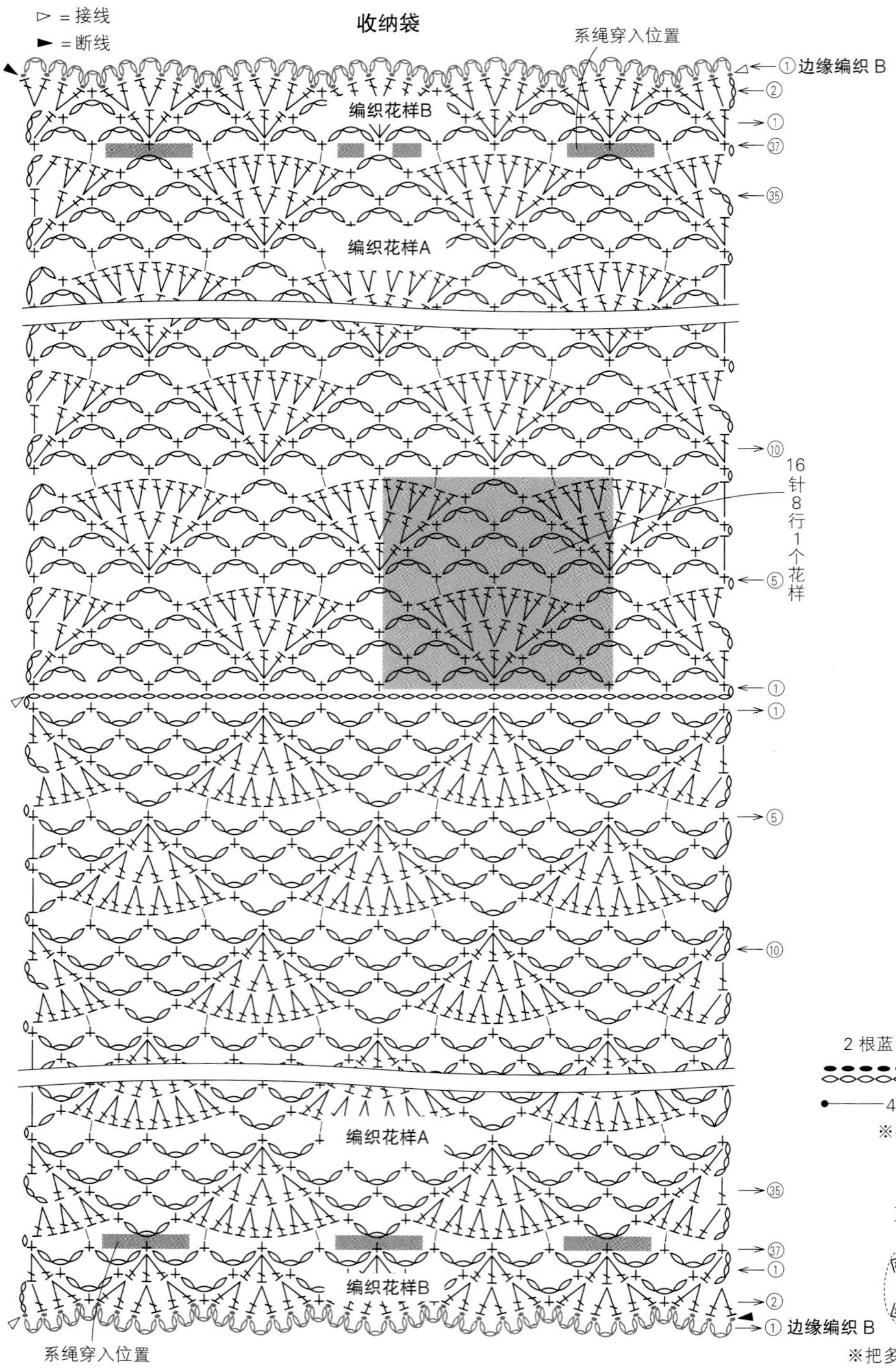

p.4
玛格丽特披肩和收纳袋

材料与工具

披肩： 后正产业 Le Rhone 蓝色（03）90g，绿色（06）85g

收纳袋： Le Rhone 蓝色（03）、绿色（06）各 30g

钩针 6/0 号、5/0 号、2/0 号

成品尺寸

披肩： 宽 102cm，长 40cm

收纳袋： 宽 20cm，深 33cm

编织密度

10cm × 10cm 面积内：编织花样 A 24 针，12 行

制作要点

披肩

- 除特别指定外，都用蓝色和绿色 2 根线钩织。钩 241 针锁针起针，钩 44 行编织花样 A。
- 从起针的另一侧挑针，钩 2 行编织花样 B。
- 在两侧边钩 1 行边缘编织 A。
- 用 1 根蓝色线钩 1 圈边缘编织 B。
- 纽扣用 2 根蓝色线环形起针后钩织，在最后一圈针目里穿入线后收紧。钩织 8 颗相同的纽扣，在缝纽扣位置缝好。

收纳袋

- 用蓝色和绿色 2 根线钩 49 针锁针起针，钩 37 行编织花样 A，接着钩 2 行编织花样 B。用 1 根蓝色线钩 1 行边缘编织 B。
- 从起针的另一侧挑针，按相同的要领钩 37 行编织花样 A，接着钩编织花样 B 和边缘编织 B。
- 正面朝内对折，钩“2 针锁针和引拔针”缝合侧边，翻至正面。
- 系绳用 2 根蓝色线、2 根绿色线共 4 根线钩织，参照图解穿在收纳袋上，两端各打一个结。

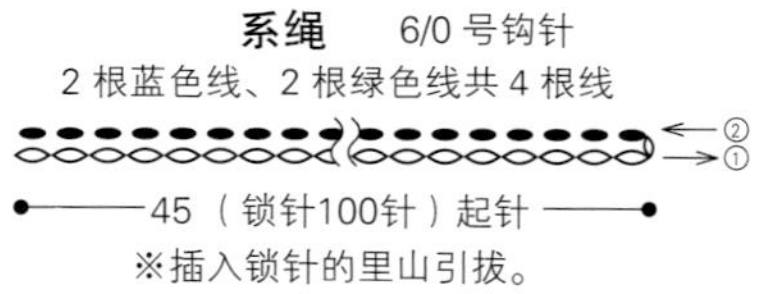

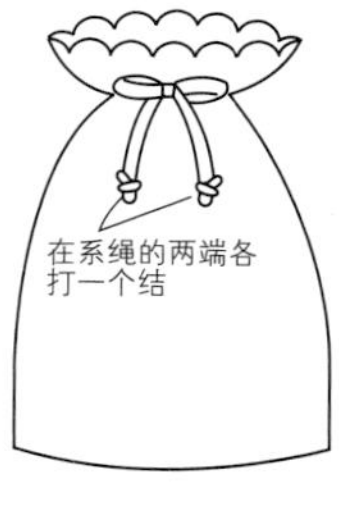

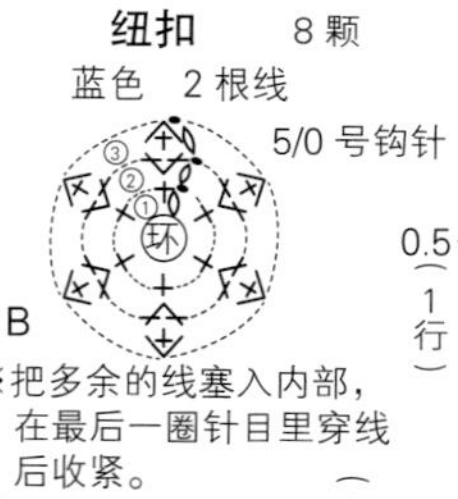

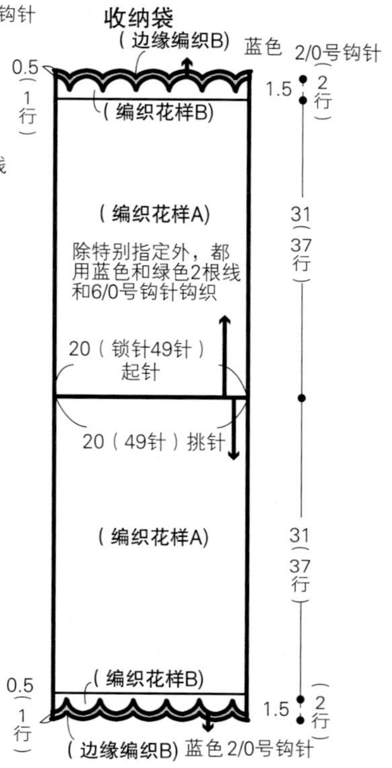

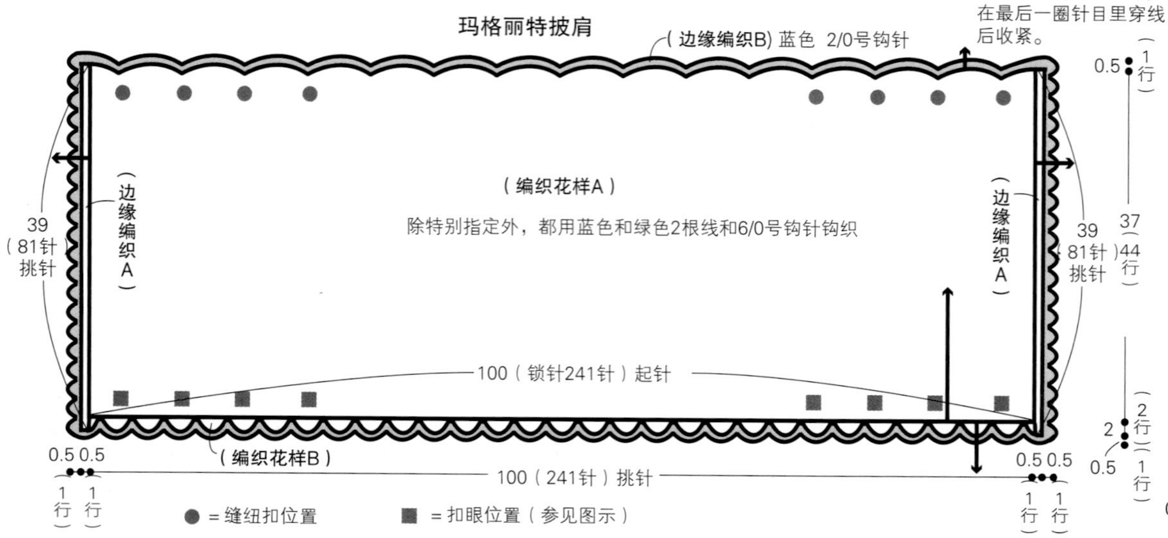

玛格丽特披肩

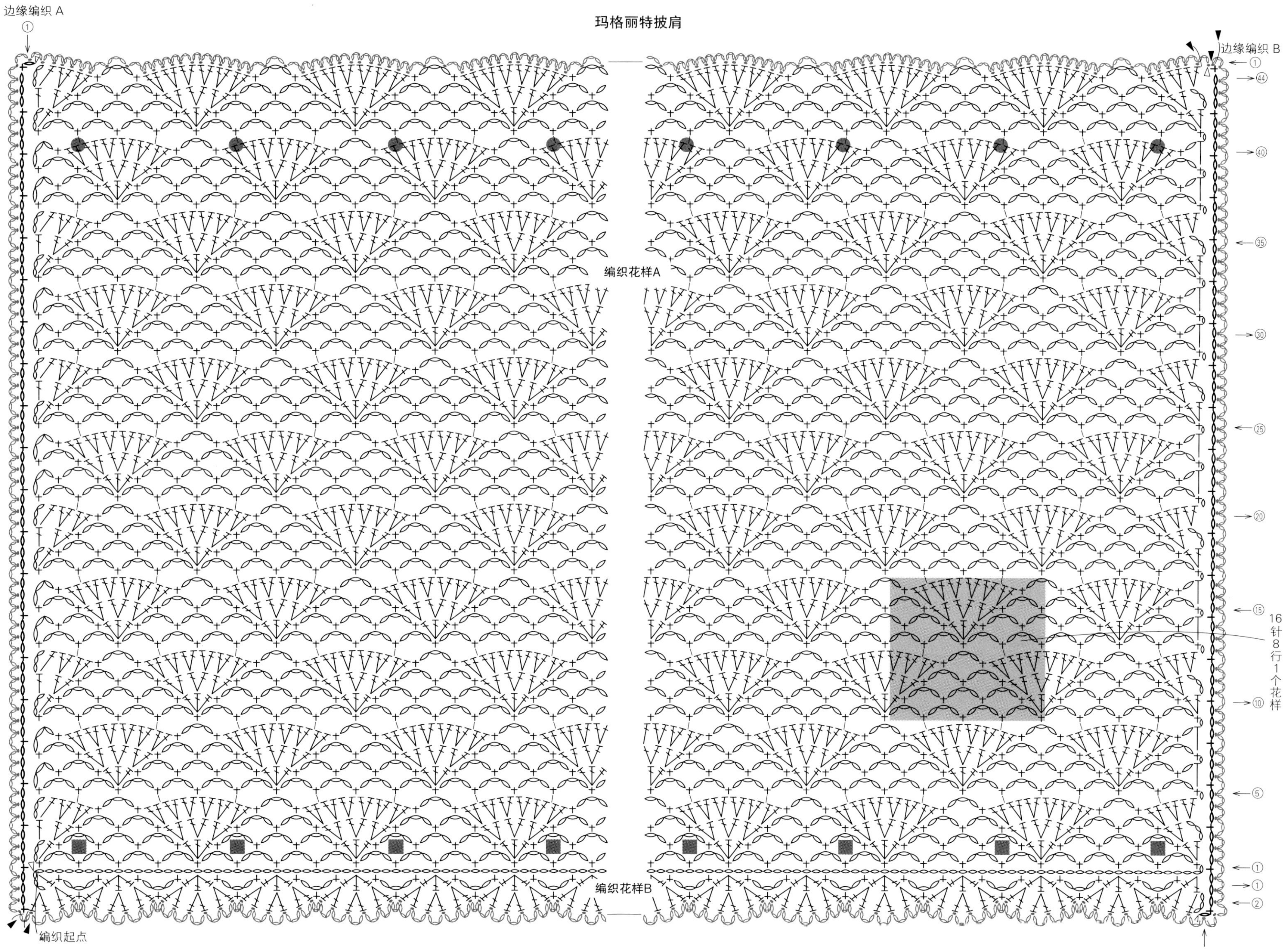

■ = 扣眼位置　● = 缝纽扣位置　—— = 边缘编织 A　—— = 边缘编织 B　▷ = 接线　► = 断线

※编织花样 A 的第 5、9、13、17、21、25、29、33、37、41 行的短针要在前一行的 2 针长针中间挑针钩织。

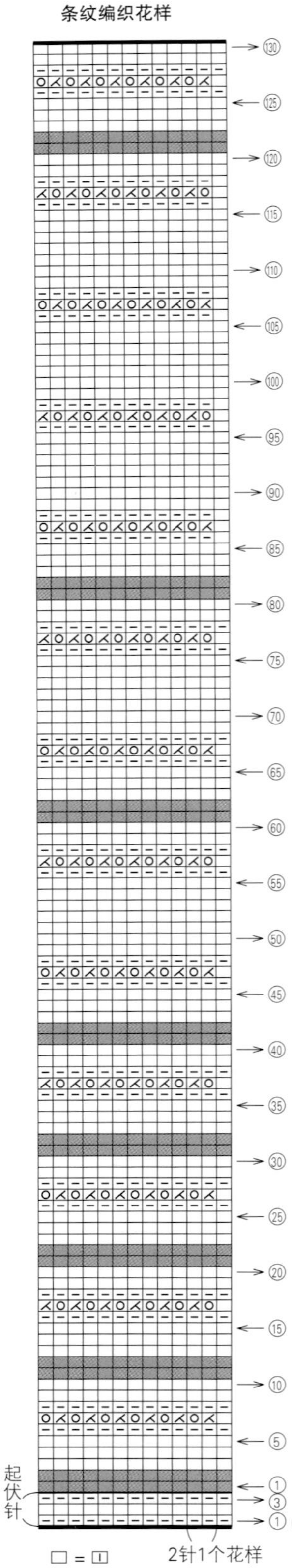

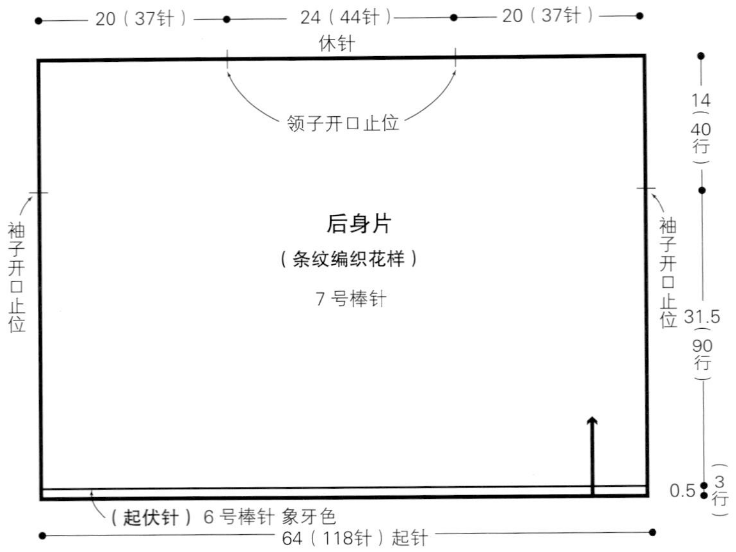

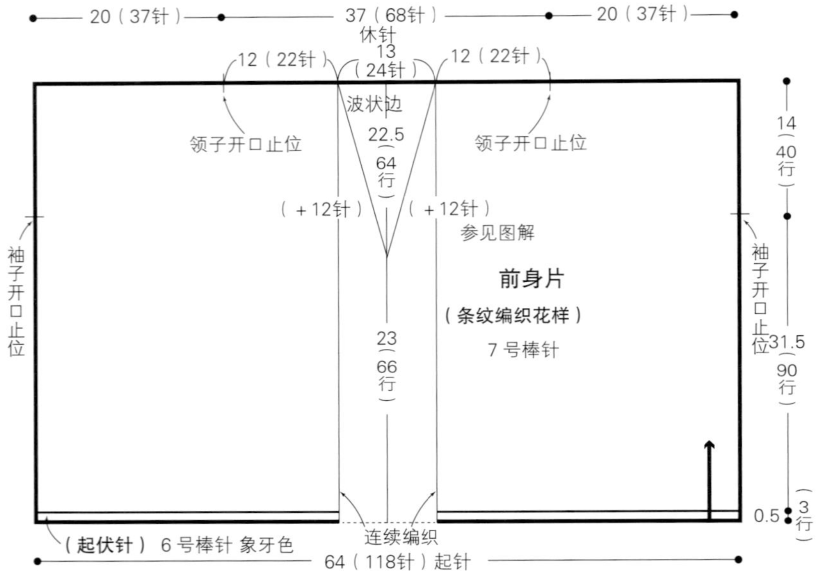

p.11
宽松套头衫

材料与工具

后正产业 SCILLA 象牙色（48）290g，黑色（49）45g

棒针 7 号、6 号、5 号

成品尺寸

胸围 128cm，衣长 46cm，总袖长 43cm

编织密度

10cm×10cm 面积内：条纹编织花样 18.5 针，28.5 行；条纹下针花样 18 针，29 行

制作要点

●后身片用手指挂线起针法起 118 针，织 3 行起伏针。换针，织 130 行条纹编织花样，休针备用。

●前身片与后身片的编织要领相同，织 66 行条纹编织花样，参照图解，一边在中心位置加针一边编织。

●肩部盖针接合。袖子从身片挑针后织 26 行条纹下针花样，换针，一边减 2 针一边织单罗纹针，最后伏针收针。

●领子从身片挑针，织起伏针，最后伏针收针。

●胁部和袖下挑针缝合。

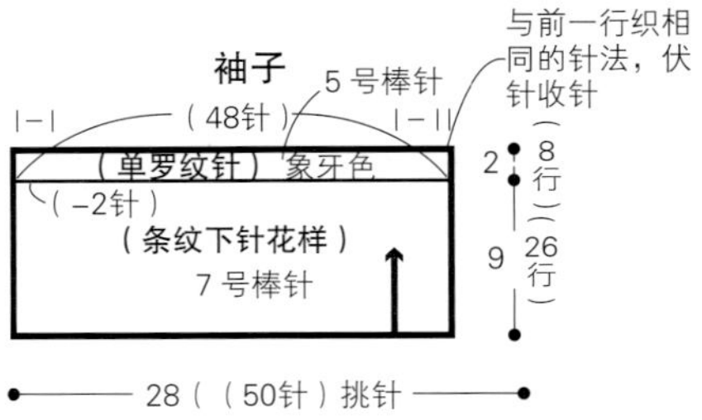

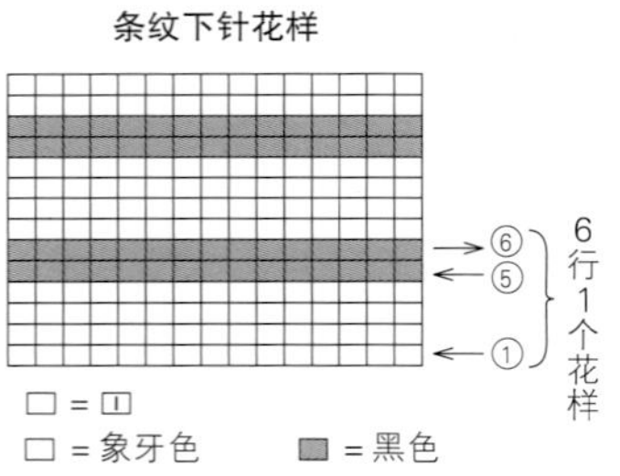

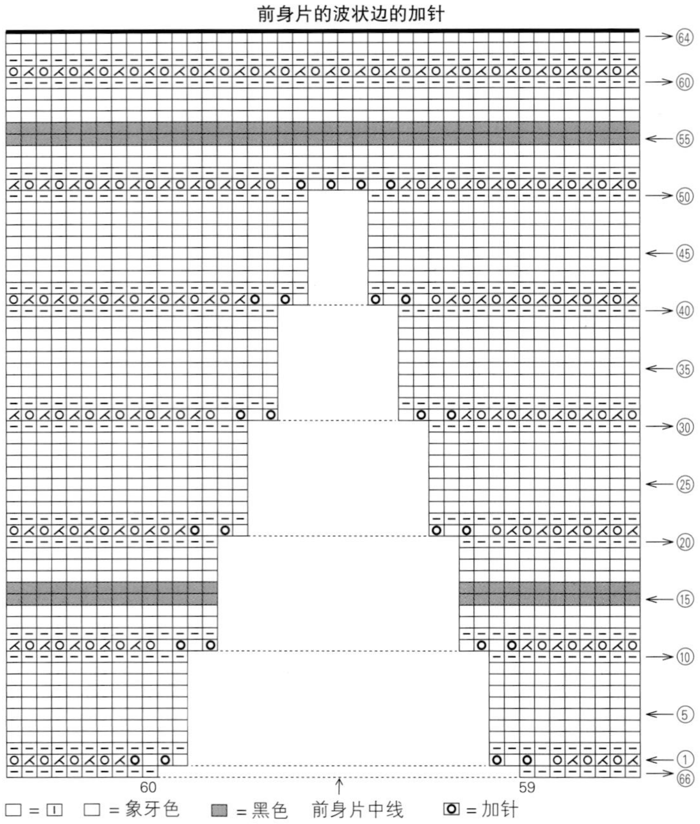

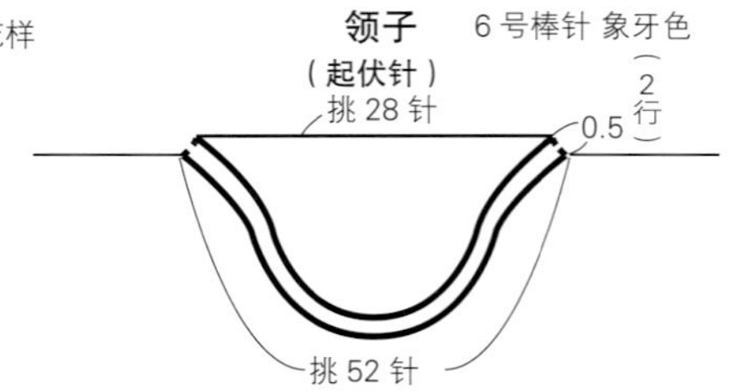

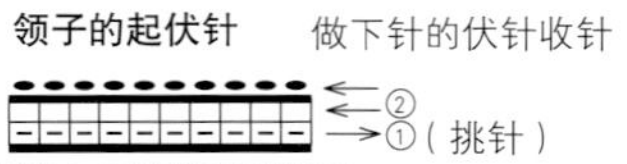

※第 1 行看着反面挑针。

p.8
镂空花样的宽松上衣

材料与工具

后正产业 Pont du Gard 蓝色（03）195g，直径 6mm 的纽扣 2 颗

棒针 6 号、5 号、4 号，钩针 4/0 号

成品尺寸

胸围 110cm，下摆围 124cm，衣长 71cm

编织密度

10cm×10cm 面积内：编织花样 A 19 针，31.5 行；编织花样 B 21.5 针，38 行；下针编织 21.5 针，32 行

制作要点

- ●用手指挂线起针法起 118 针，用 6 号棒针织 52 行编织花样 A。换成 5 号棒针，织 96 行下针编织。
- ●后身片继续用 4 号棒针织 46 行编织花样 B，从第 47 行开始分成左、右两边编织。
- ●前身片在中间位置分成左、右两边，用 4 号棒针分别织 96 行编织花样 B。
- ●肩部引拔接合，肋部挑针缝合。
- ●在领窝和袖窿的边上第 1 针和第 2 针之间，用 4/0 号钩针钩引拔针。前领窝参照图解一边钩纽襻一边钩引拔针。
- ●在缝纽扣位置缝上 2 颗纽扣。

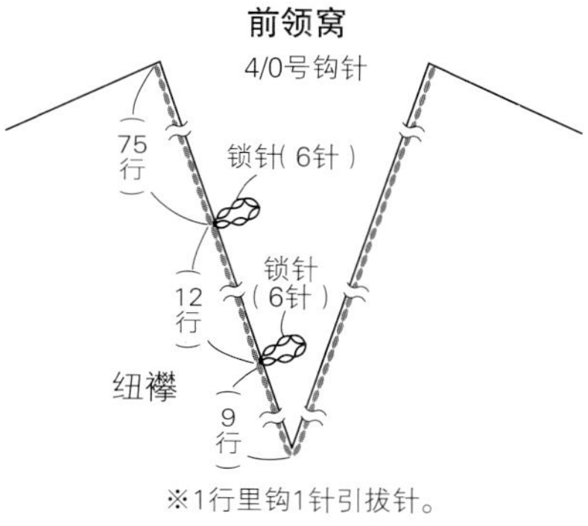

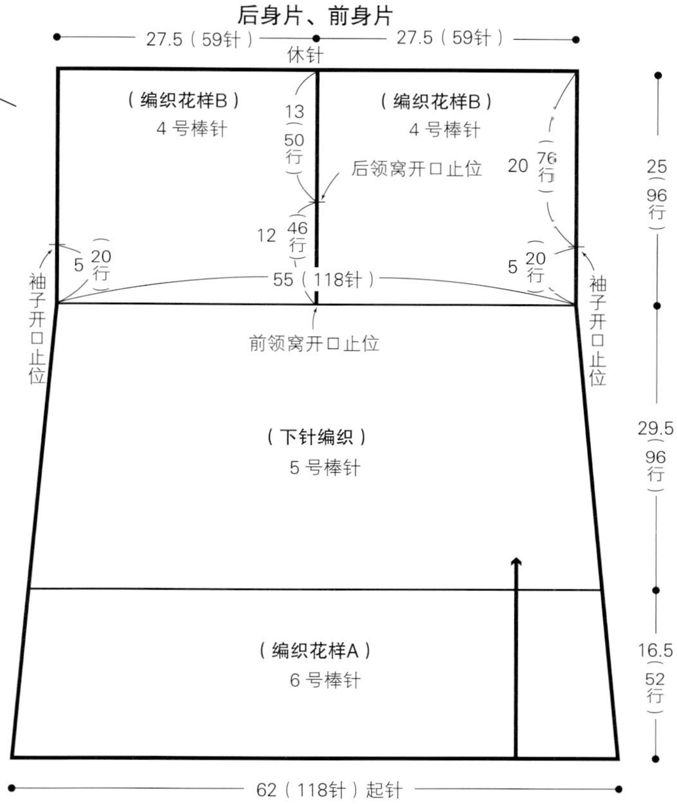

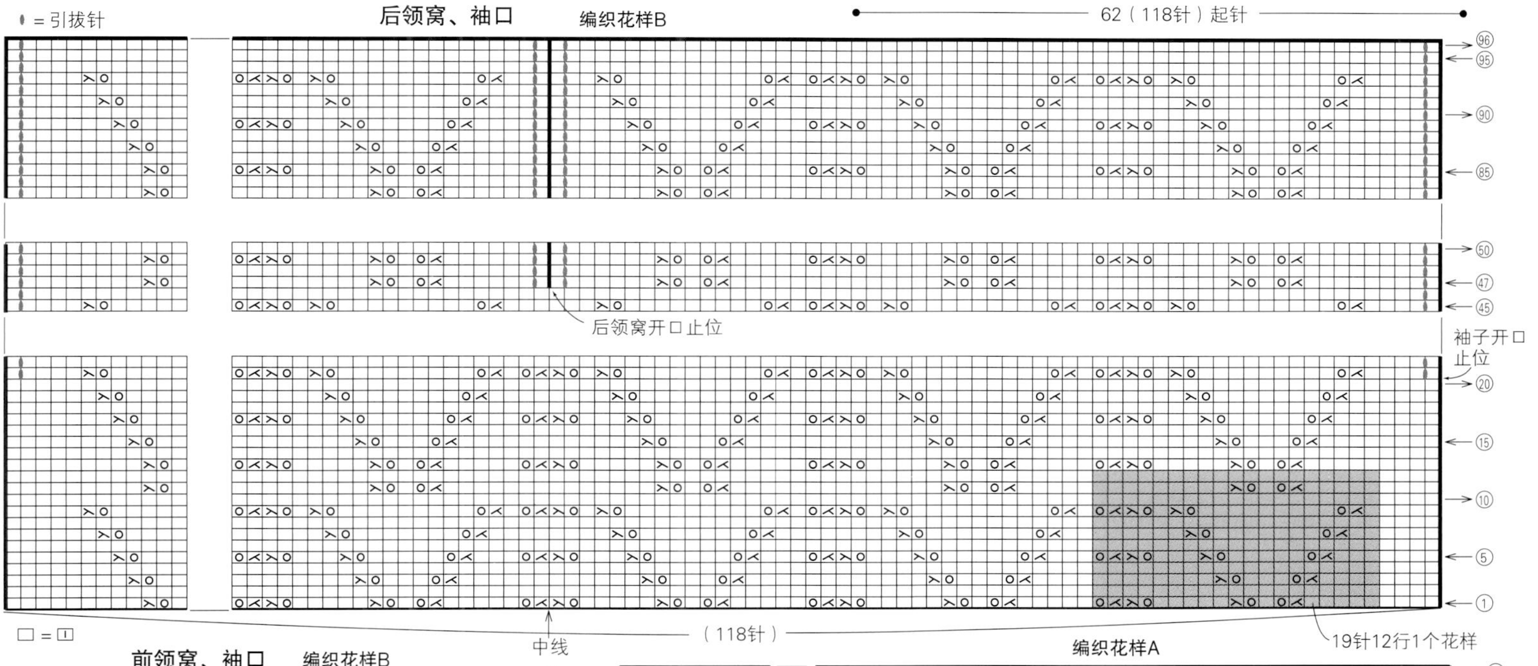

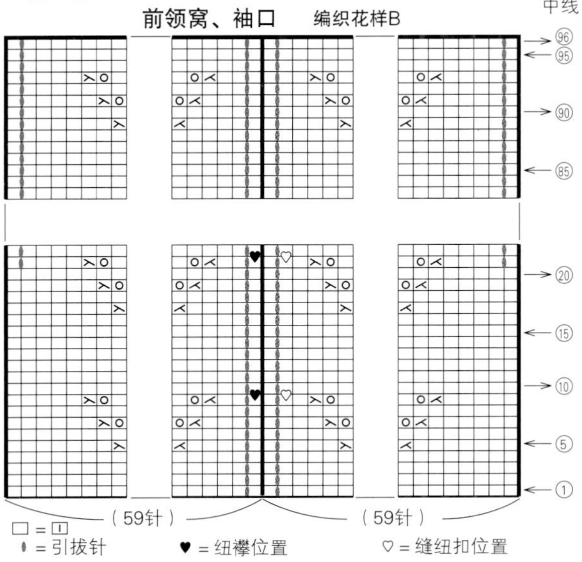

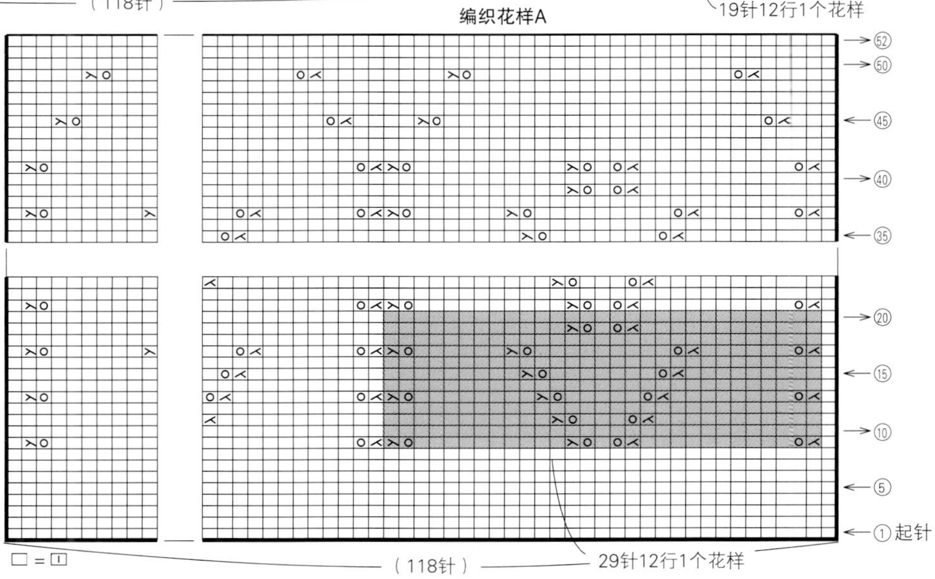

p.5
从上往下钩织的短袖开衫

材料与工具
后正产业 Tours 淡橘色（08）175g，直径 1.8cm 的纽扣 1 颗
钩针 3/0 号

成品尺寸
胸围 94.5cm，衣长 50cm

编织密度
编织花样：1 个花样 4.5cm，12 行 10cm

制作要点
●钩 163 针锁针起针，从育克开始钩织。如图所示，一边分散加针一边钩 19 行。
●左、右前身片和袖窿部分暂停钩织，只有后身片钩织 6 行。
●先在后身片的两端各起 24 针锁针，然后将左前身片、后身片、右前身片连起来钩 35 行。
●接着身片在前门襟和领窝钩 1 行边缘编织。
●袖口部分如图所示钩 5 行。
●在左前身片的指定位置缝上纽扣。

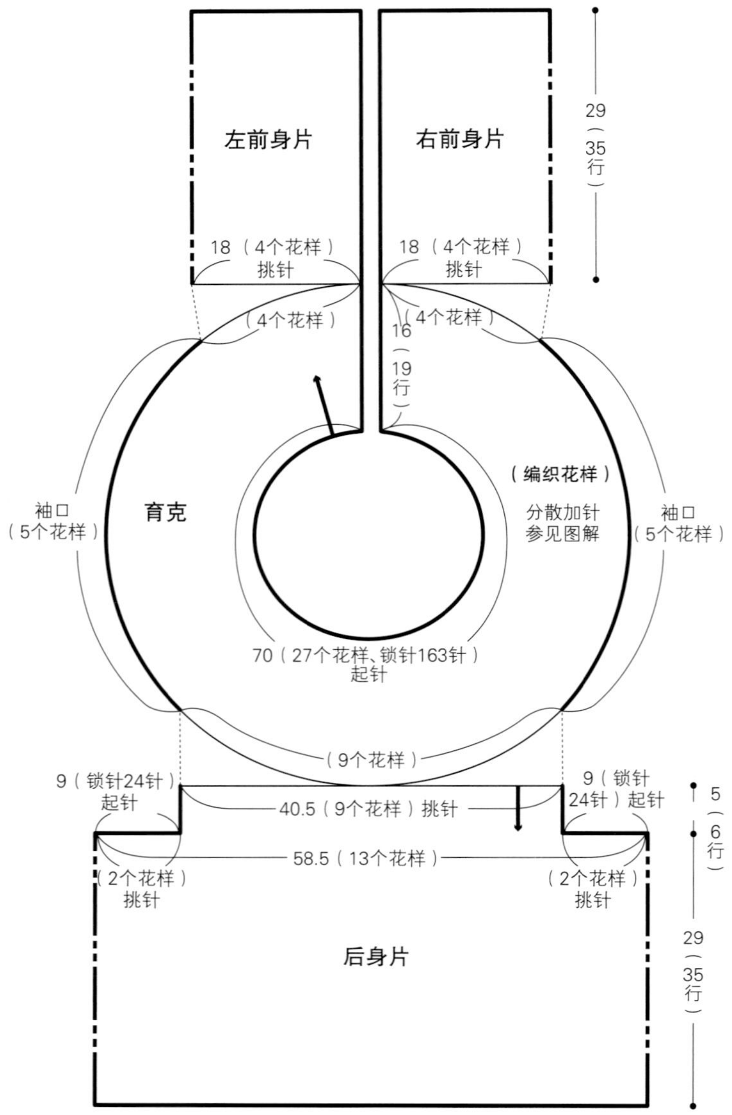

※除特别指定外，均按编织花样钩织。

编织花样

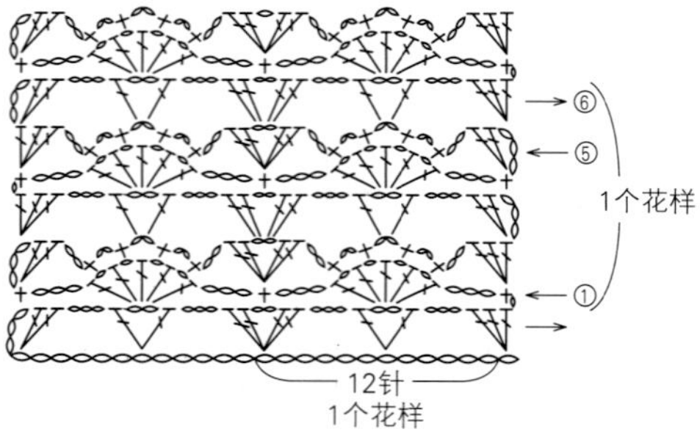

边缘编织

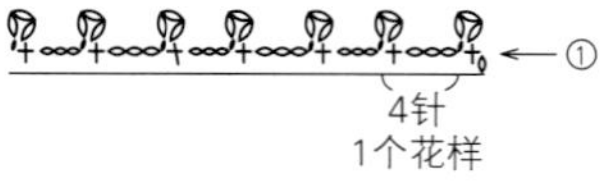

领窝、前门襟（边缘编织）

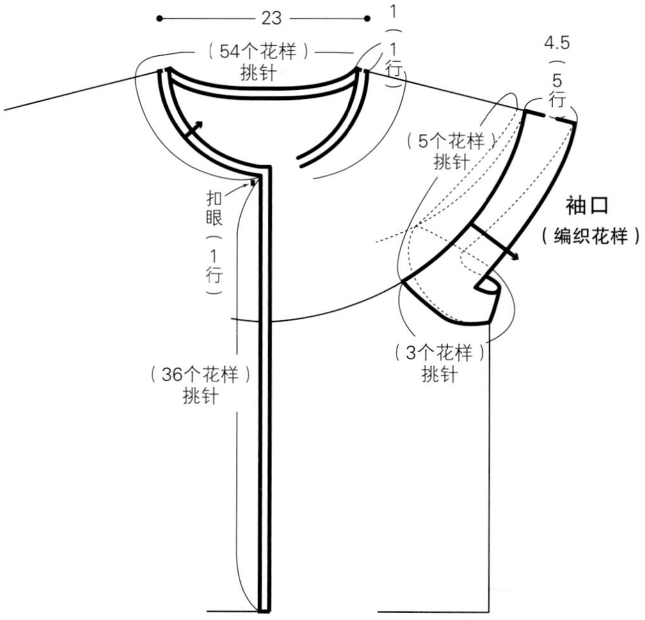

※利用织物的镂空花样作为扣眼。

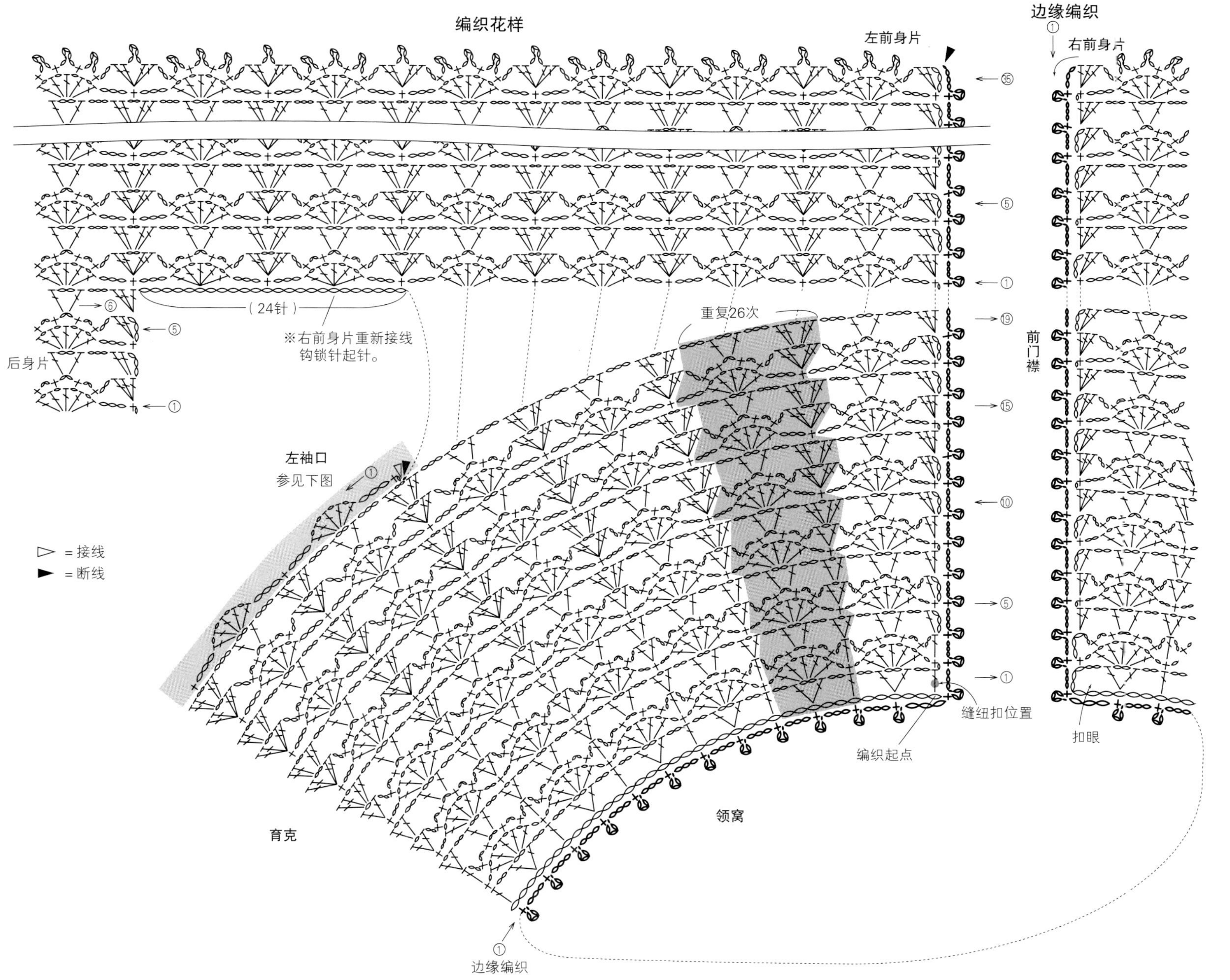
编织花样
左前身片
边缘编织
右前身片
㉟
⑤
①
⑲
⑮
⑩
⑤
①
重复26次
（24针）
※右前身片重新接线
钩锁针起针。
⑥
⑤
①
后身片
左袖口
参见下图
▷ = 接线
▶ = 断线
前门襟
缝纽扣位置
扣眼
编织起点
领窝
育克
①
边缘编织

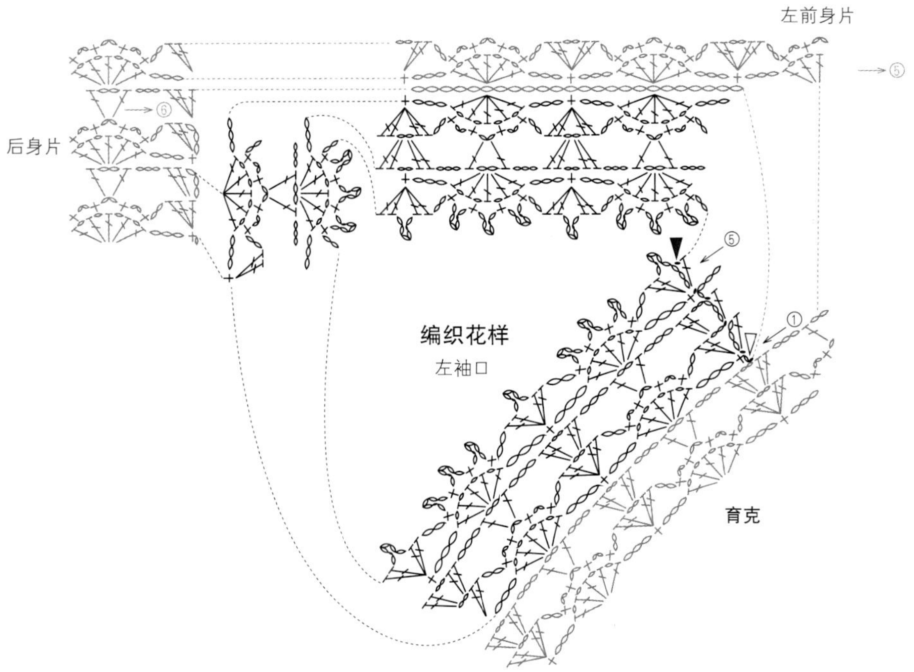
左前身片
⑤
⑥
后身片
⑤
①
编织花样
左袖口
育克

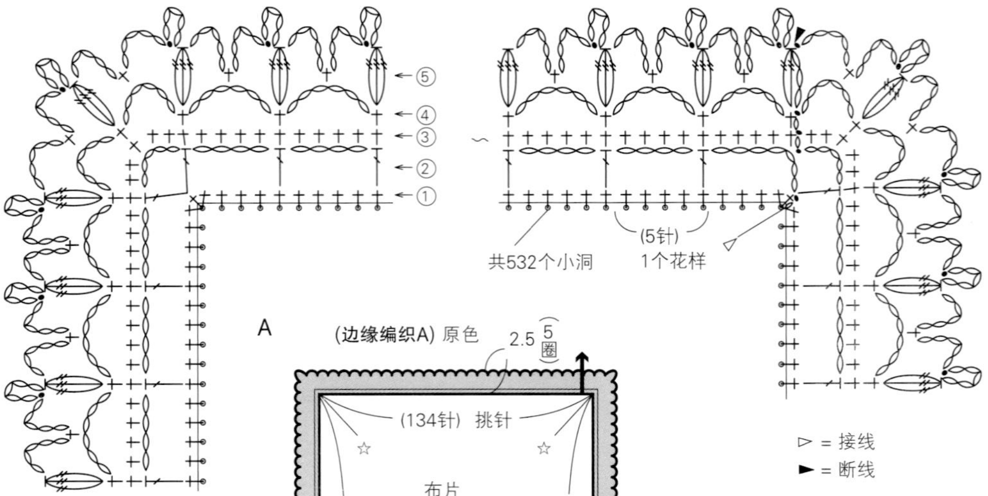

A

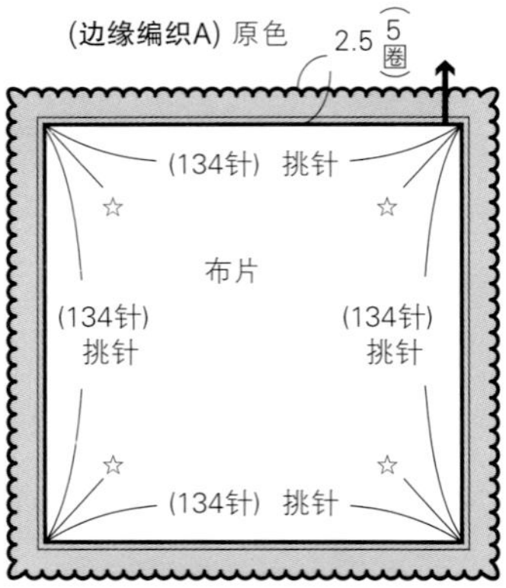

▻ = 接线
► = 断线

☆ = 角(1针) 挑针

p.17
雅致蕾丝饰边小盖布

材料与工具

A：DARUMA 手编线 蕾丝线 #30 葵 原色（2）15g
B：DARUMA 手编线 蕾丝线 #30 葵 白色（1）18g
麻布（白色）31cm×31cm 2 片
蕾丝钩针 2 号

编织密度

1 个花样
A：宽约 1cm，高 2.5cm
B：宽约 4.4cm，高 3cm

制作要点

●参照图示，抽出29cm和31cm处的线，将麻布剪成边长31cm的正方形布片。将布片的四条边按3mm的宽度折成三折后熨平，制作成边长约为30cm的正方形布片。在29cm处用蕾丝钩针均匀地戳出小洞，挑针钩第1圈。此时，如果提前将各条边折成几等份做上记号，会更方便操作。

A

●第1圈在每条边各挑134针，每个布角上各挑1针，钩短针。参照图解钩至第5圈。

B

●第1圈在每条边各挑132针，每个布角上各挑1针，钩短针。参照图解钩第2圈。

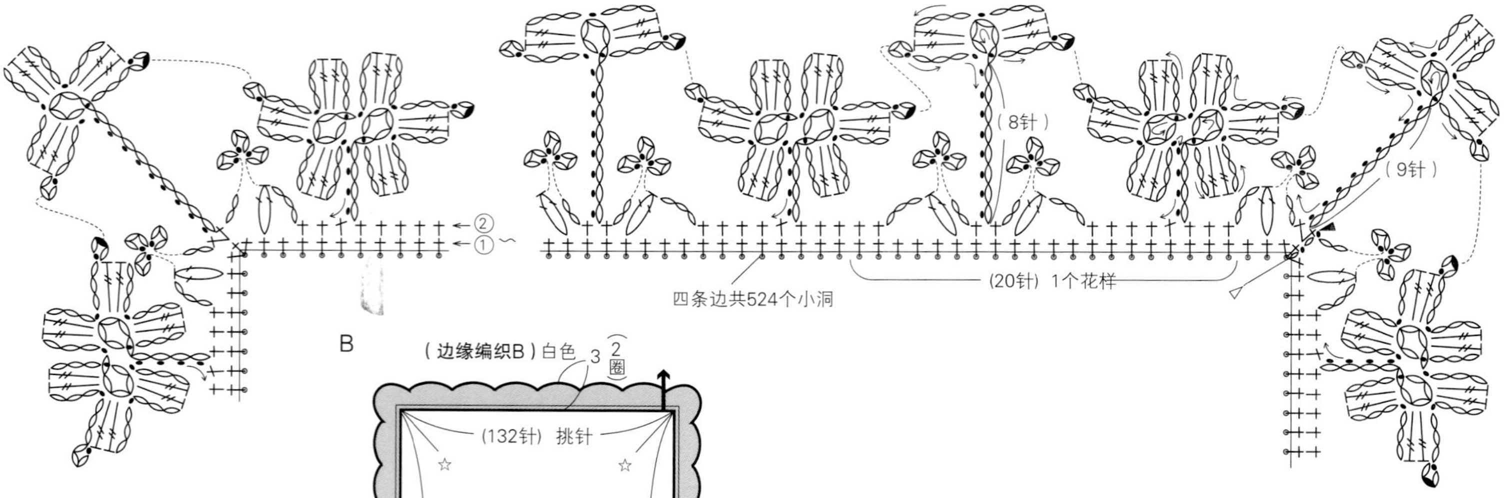

B

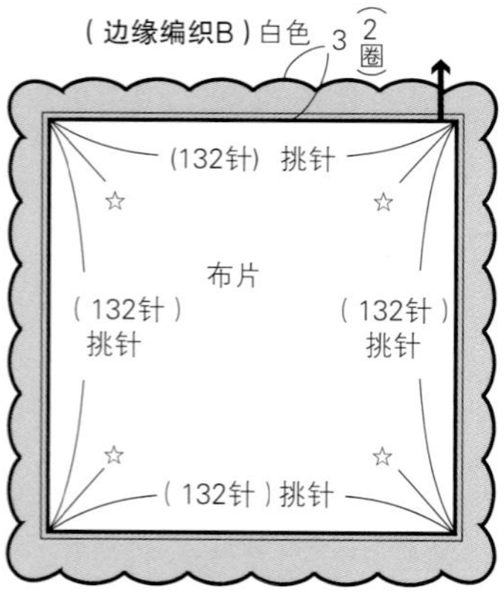

▻ = 接线
► = 断线

☆ = 角(1针) 挑针

〈布片的制作方法〉

① 将麻布过水处理。

② 在31cm和29cm处各抽出1根线（做记号）。

③ 沿31cm的地方剪下。

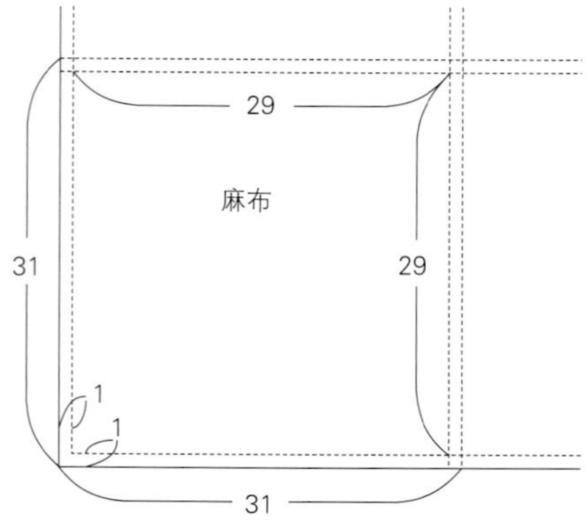

④ 将布片的四条边折成三折后熨平，使每条边长约30cm。

⑤ 在29cm处挑针钩第1圈。

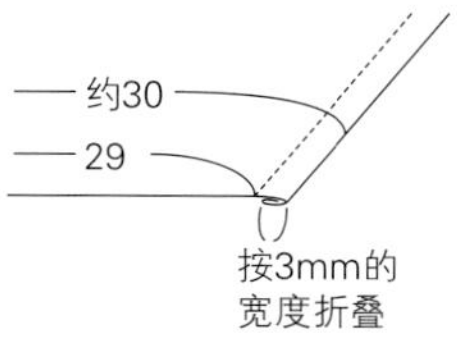

p.17
古典饰边盖布

材料与工具

DARUMA 手编线 蕾丝线 #30 葵 灰米色（12）20g
麻布（白色）31cm×31cm
蕾丝钩针 2 号

编织密度

1 个花样：宽约 2.8cm，高 3.5cm

制作要点

●布片的制作方法参见 p.82。
●第 1 圈在每条边各挑 125 针，每个布角上各挑 1 针，钩短针。参照图解钩至第 4 圈。

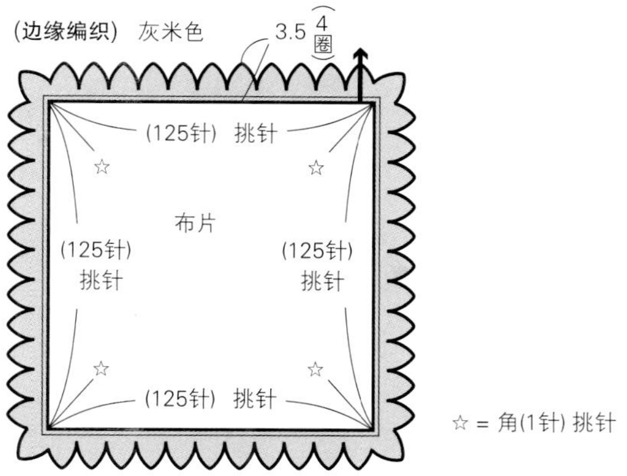

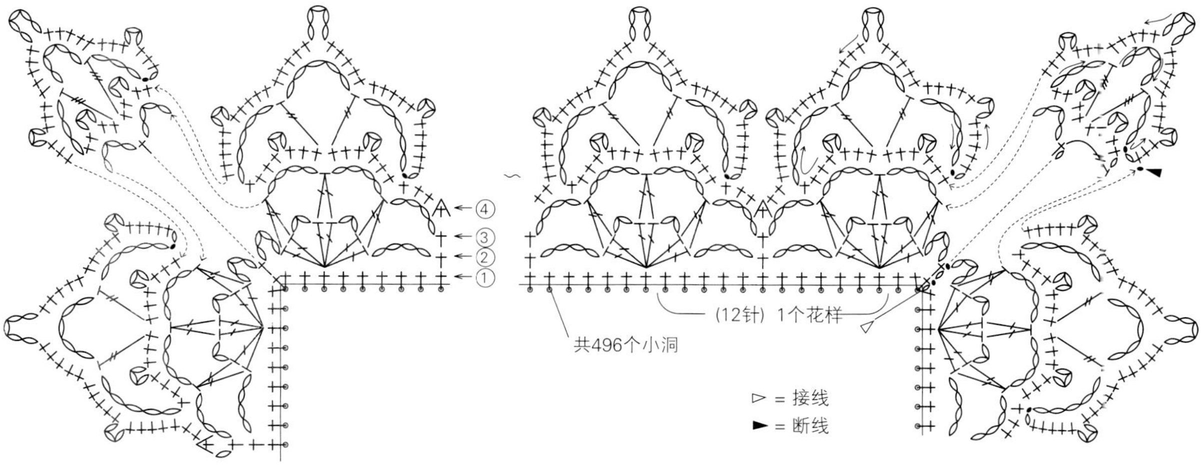

p.60
花朵和刺猬迷你垫

材料与工具

RichMore spectre modem（配色和用线量参见表格）
棒针 6 号、10 号（短针）

成品尺寸

刺猬：直径约 9cm（毡化后）
花朵：约 8.5cm× 约 8.5cm（毡化后）

编织密度

10cm×10cm 面积内：配色花样 20 针，21 行

制作要点

●手指挂线起针，参见图示，分别编织下针编织（6 号棒针）和配色花样（10 号棒针）。
●参见 p.61 进行毡化处理。

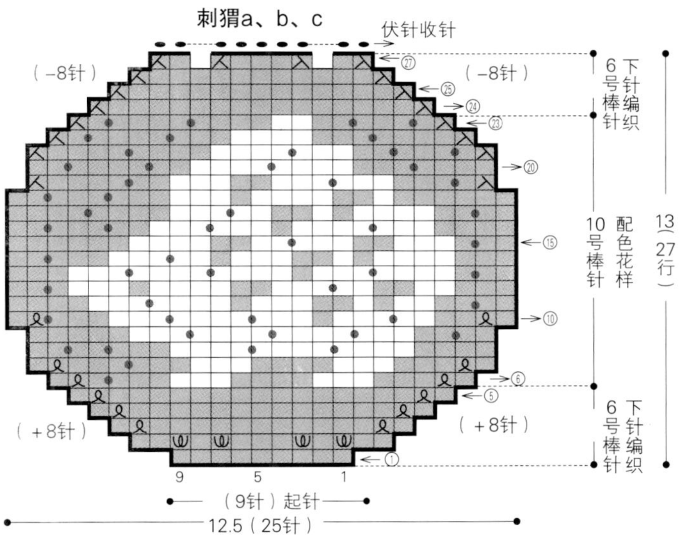

⊠ = 扭针加针
⊎ = 卷针加针

刺猬迷你垫的配色、用线量

		a	b	c
■	6g	蓝色（22）	紫色（20）	砖红色（29）
□	4g	黄色（10）	白色（1）	灰色（50）

□ = 丨

※●是在针目与针目之间连线的位置（反面的交错渡线）。

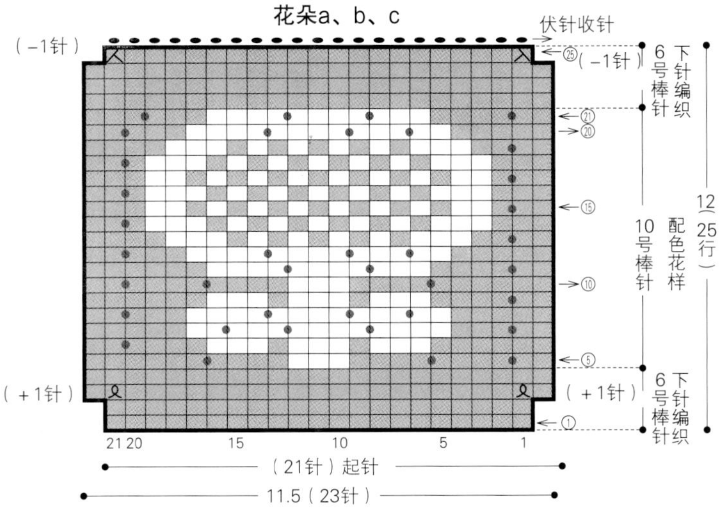

花朵迷你垫的配色、用线量

		a	b	c
■	6g	黄绿色（13）	红色（32）	橘黄色（17）
□	4g	粉红色（30）	淡蓝色（6）	淡紫色（19）

□ = 丨

※●是在针目与针目之间连线的位置（反面的交错渡线）。

p.14
饰带（d）

材料与工具

DARUMA 手编线 SUPIMA 蕾丝线 #30 白色（1）5g

蕾丝钩针 4 号

成品尺寸

宽 6cm，长 16cm

编织密度

花片的直径 5cm

制作要点

●钩 5 针锁针后连接成环状。如图所示钩织花片。从第 2 个花片开始，在最后一圈一边与前一个花片连接一边继续钩织。

●钩边缘编织 A 和 B。边缘编织 A 每行都看着正面钩织。

= 短针的反拉针
（将第2圈折到前面，从后面挑取第1圈中长针的足部钩织）

= 3针锁针的狗牙拉针
（钩3针锁针，在短针头部的半针和足部的1根线里引拔）

主体

▷ = 接线
► = 断线

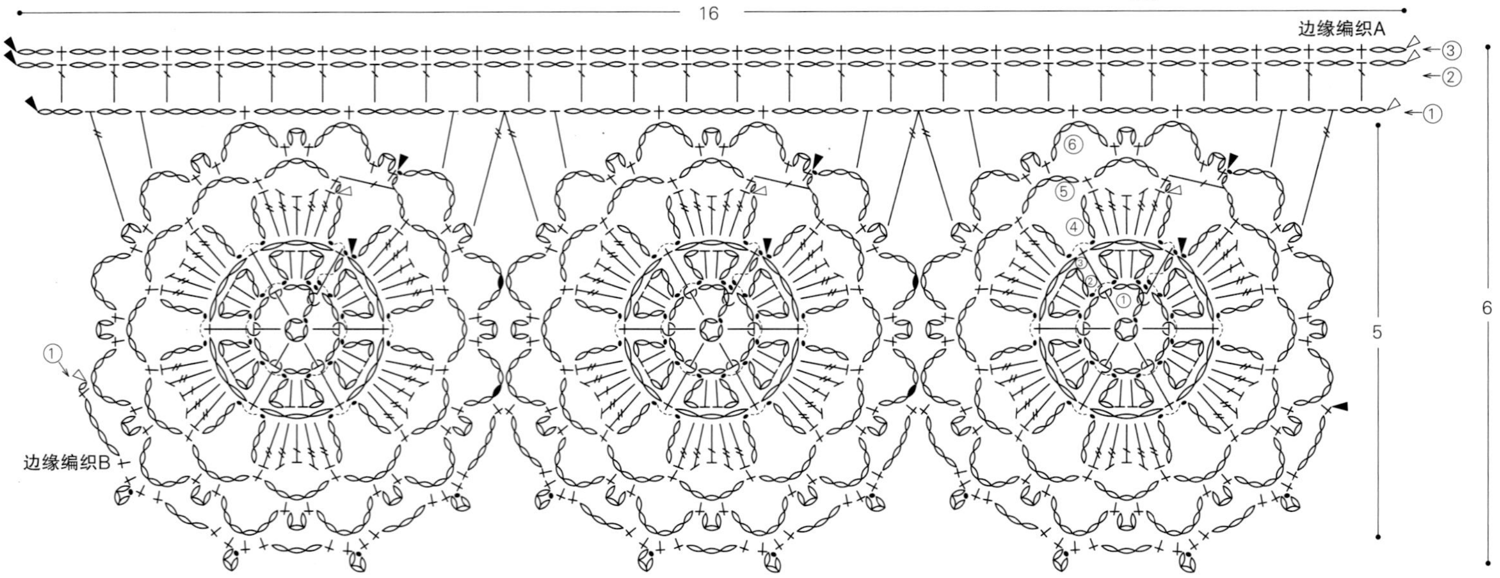

连接花片

主体

► = 断线

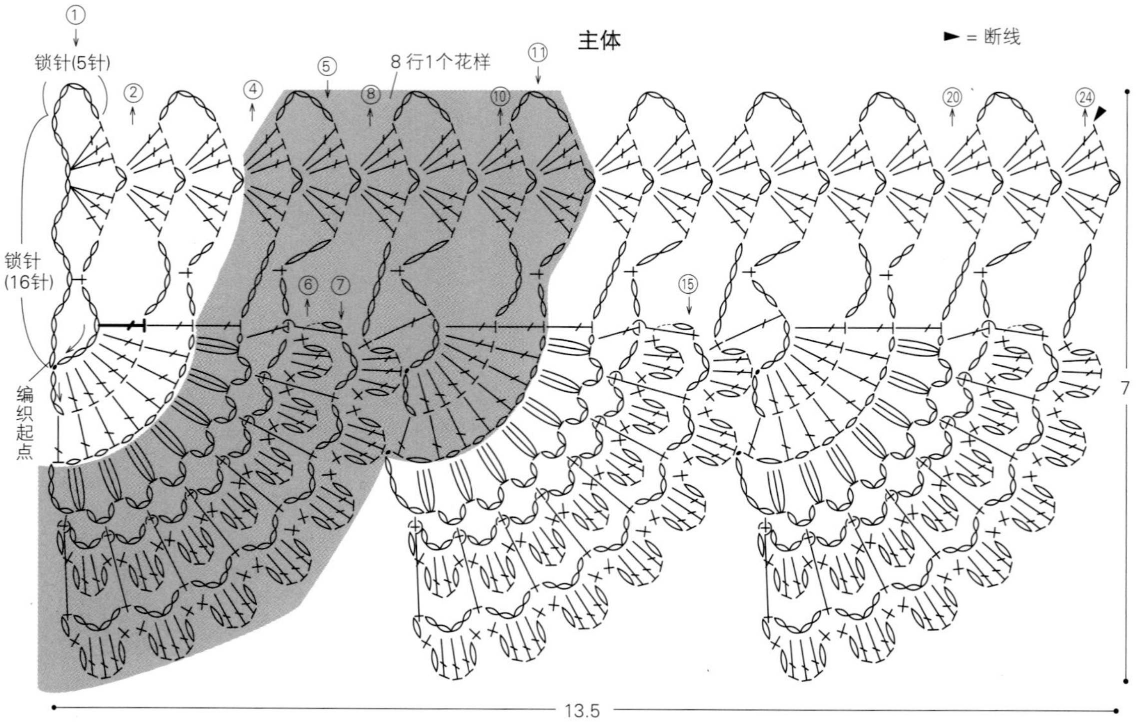

饰带（c）

材料与工具

DMC BABYLO #10 白色（BLANC）5g

蕾丝钩针 2 号

成品尺寸

宽 7cm，长 13.5cm

制作要点

●钩 16 针锁针起针，接着钩 5 针锁针，参照图解钩织第 1 行。

●每行变换钩织方向，按图解进行钩织。

= 短针的反拉针
（因为是看着反面钩织的行，实际上钩的是正拉针
……从前一行的正面挑取前两行的短针的足部钩织）

= 第2行加粗的长针在前一行锁针的针目里挑针

= 3针中长针的枣形针
（成束挑针钩织）

装饰垫（a）

材料与工具
DARUMA 手编线 SUPIMA 蕾丝线 #30 白色（1）
3g
蕾丝钩针 4 号

成品尺寸
直径 10cm

制作要点
●环形起针，如图所示钩织 8 圈。

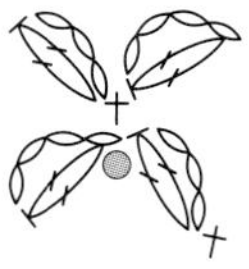
的钩织方法

= 第5圈和第6圈都是先钩3针锁针，然后在短针头部的半针和足部的1根线里钩长针的枣形针

第6圈的短针在
●里成束挑针钩织

= 第5圈和第6圈都是先钩4针锁针，然后在第1针锁针的半针和里山挑针，钩长针的枣形针

主体

► = 断线

花朵花片（b）

材料与工具
DMC BABYLO #10 白色（BLANC）3g
蕾丝钩针2号

成品尺寸
大：直径 5cm
小：直径4. 5cm

制作要点
●大、小花片都是钩5针锁针后连接成环状，如图所示钩织。
●整理花片的中心，使其稍稍立起。

= 钩3针锁针，在第2针锁针的半针和里山挑针钩中长针和引拔针，再钩1针锁针

= 钩长长针，然后钩2针锁针，在长长针头部的半针和足部的1根线里引拔

► = 断线

小

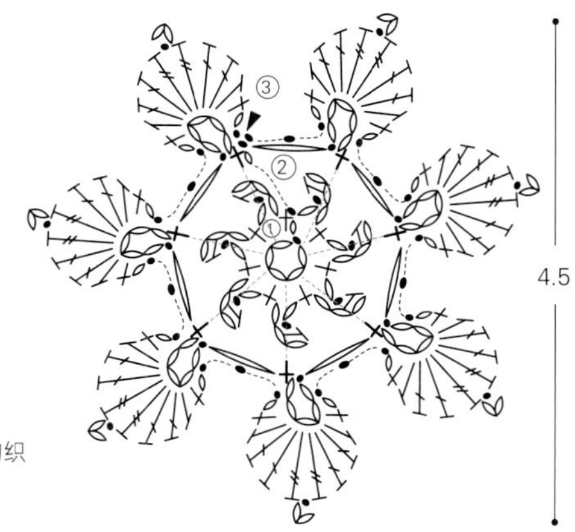

第2圈的短针
= 将第1圈折至前面，在起针的锁针里成束挑针钩织

第3圈的引拔针
= 在第2圈的锁针里成束挑针钩织

大

第2圈的短针
= 将第1圈折至前面，在起针的锁针里成束挑针钩织

第4圈的短针
= 从后面将钩针插入第3圈的长长针之间，在第2圈的锁针里成束挑针钩织

第5圈的引拔针 
= 在第4圈的锁针里成束挑针钩织

p.16

草莓装饰垫

材料与工具

DMC BABYLO #10，A 白色（BLANC）、粉红色系段染（62）各 5g，B 白色（BLANC）5g、黄色（745）2g

蕾丝钩针 0 号

成品尺寸

参见图解

制作要点

●A、B 都是环形起针后，分别按指定的配色进行钩织。如图所示，A 钩 13 圈，B 钩 9 圈。

A

▷ = 接线
▶ = 断线

配色表

圈数	颜色
第13圈	粉红色系
第10～12圈	白色
第9圈	粉红色系
第6～8圈	白色
第5圈	粉红色系
第3、4圈	白色
第2圈	粉红色系
第1圈	白色

B

配色表

圈数	颜色
第9圈	白色
第8圈	黄色
第5～7圈	白色
第3、4圈	黄色
第2圈	白色
第1圈	黄色

p.48
枣形针的小荷包

材料与工具
Olympus Emmy Grande 黄绿色（241）30g，
MIYUKI 大号圆串珠 黄绿色（755）1350 颗
钩针 2/0 号

成品尺寸
宽 15cm，深 10cm

编织密度
10cm×10cm面积内：编织花样 A 32针，24行；
编织花样 B 38针，18行

制作要点
- ●开始钩织前，预先在线上穿好串珠。
- ●主体钩48针锁针起针，第1圈在起针针目的两侧挑针，按编织花样A一边钩入串珠一边如图所示环形钩织15圈。
- ●盖子按编织花样B往返钩织9行。
- ●在编织花样B的针目里挑针，继续钩1行边缘编织和短针。
- ●预先在线上穿好串珠钩纽扣。环形起针，在第1圈钩入串珠，钩至第4圈。用相同的线填充，并在最后一圈的针目里穿线后拉紧。
- ●将主体翻至反面，在指定位置缝好纽扣。

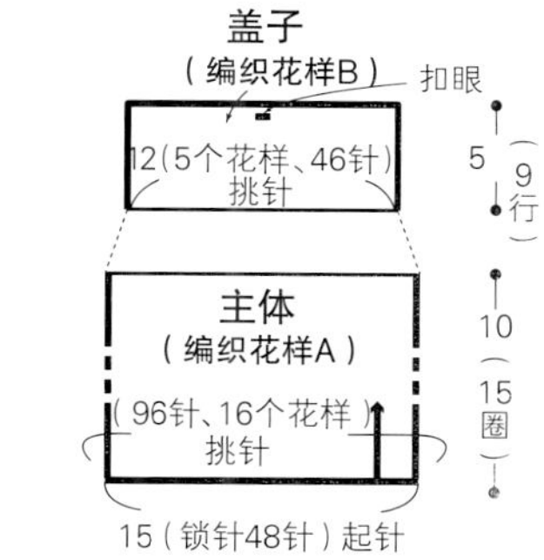

※将反面作为小荷包的正面使用。

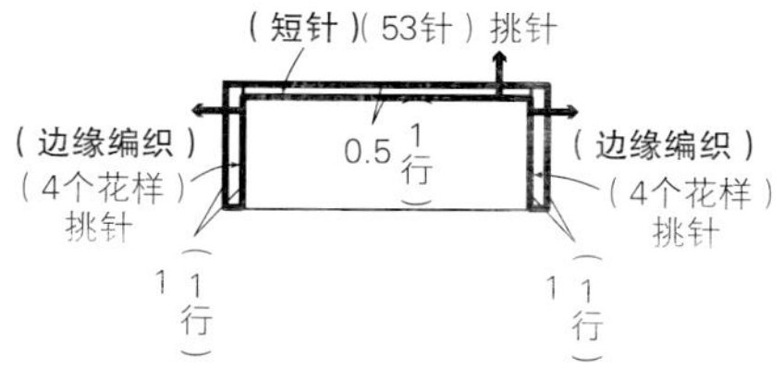

▷ = 接线
► = 断线

纽扣

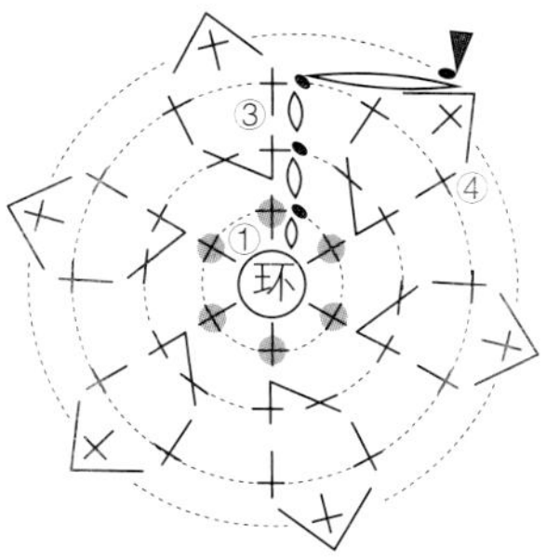

※第3圈钩织结束后，将织物翻至反面钩第4圈。
※将反面作为纽扣的正面使用。

（第1圈）= 钩入1颗串珠

纽扣的组合方法

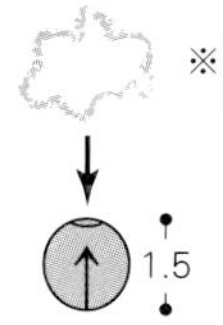

※用相同的线填充，在最后一圈针目里穿线后拉紧。

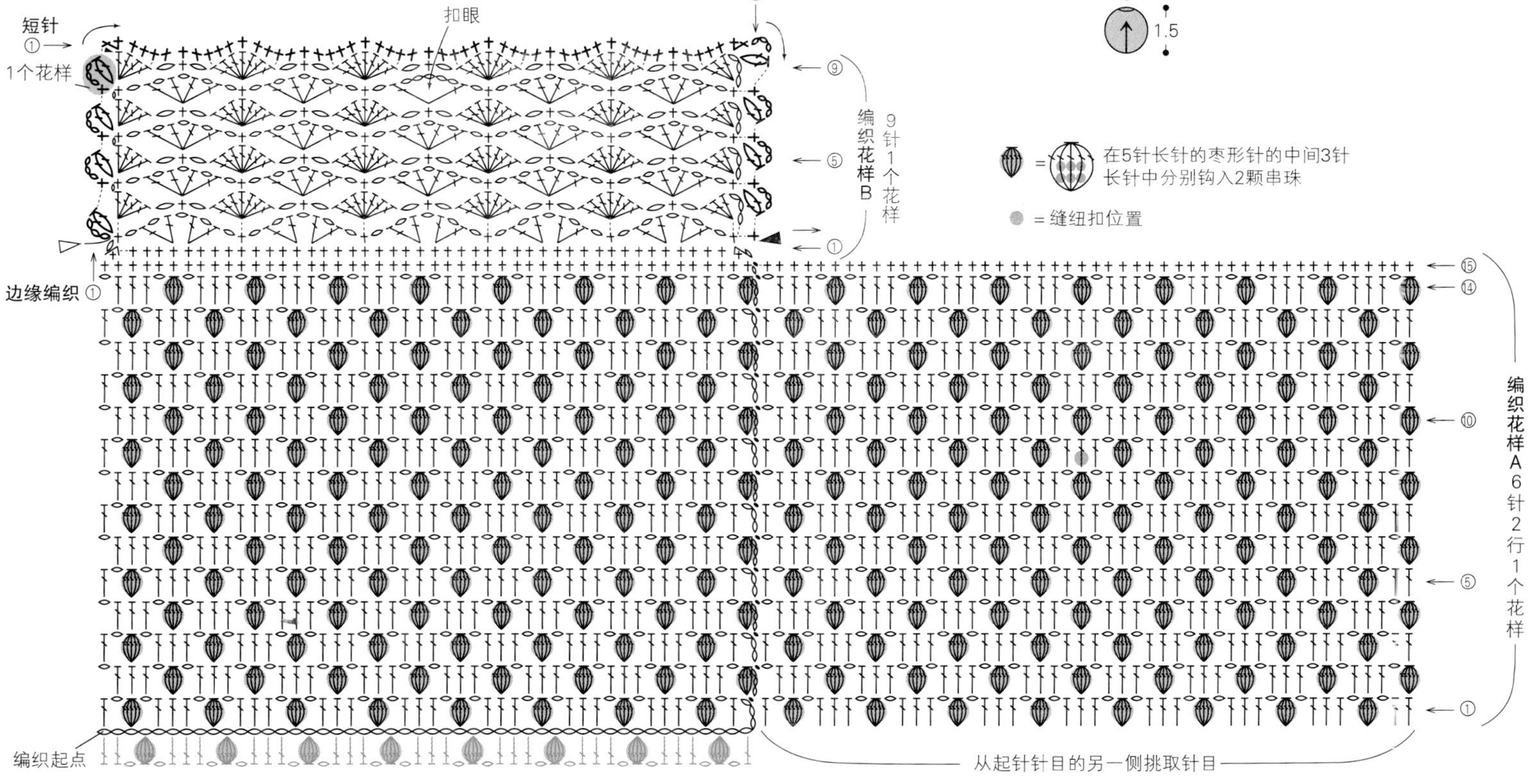

= 在5针长针的枣形针的中间3针长针中分别钩入2颗串珠

● = 缝纽扣位置

p.49
花朵图案的口金包（右）

材料与工具

Hamanaka Wash Cotton Crochet 灰粉色（113）20g，TOHO 大号圆串珠 粉红色（764）2707颗、紫色（554F）58颗、橘黄色（562F）119颗、绿色（560F）36颗、黄色（559F）38颗、白色（762）6颗

Hamanaka 包包用口金（H-207-008）1个，渔线 适量

钩针2/0号

成品尺寸

宽 11cm，深 11cm（不含口金）

编织密度

10cm×10cm 面积内：短针 33 针，36 行

制作要点

- ●预先按指定顺序在线上穿好所需数量的串珠。
- ●环形起针后钩第1圈。从第2圈开始，参照图解一边钩入串珠，一边在前一圈针目头部的后面半针里挑针钩短针的条纹针。
- ●串珠突出的一面作为口金包的正面，用渔线将口金缝在主体上。

颜色	颗数
粉红色	67
绿色	2
黄色	2
粉红色	2
橘黄色	2
紫色	1
粉红色	2
紫色	1
橘黄色	3
粉红色	1
绿色	4
紫色	2
橘黄色	1
粉红色	68
绿色	2
黄色	1
粉红色	1
橘黄色	3
紫色	1
粉红色	2
紫色	2
橘黄色	2
绿色	3
黄色	3
粉红色	1
紫色	1
粉红色	69
绿色	1
黄色	2
橘黄色	2
紫色	1
粉红色	4
紫色	1
橘黄色	2
绿色	2
黄色	2
粉红色	74
绿色	2
橘黄色	1
紫色	2
粉红色	4
紫色	2
橘黄色	1
黄色	2
粉红色	77
绿色	1
紫色	1
黄色	1
粉红色	3
绿色	3
紫色	1
橘黄色	2
粉红色	79
绿色	1
黄色	1
粉红色	2
绿色	2
黄色	3
紫色	1
橘黄色	1
粉红色	80
绿色	4
黄色	2
粉红色	3
紫色	1
粉红色	80
黄色	3
粉红色	763

编织起点

颜色	颗数
粉红色	68
绿色	1
黄色	2
粉红色	8
橘黄色	2
白色	1
紫色	5
粉红色	72
绿色	1
黄色	1
粉红色	1
橘黄色	7
白色	3
橘黄色	2
粉红色	75
绿色	1
橘黄色	7
紫色	1
橘黄色	1
白色	2
橘黄色	7
粉红色	72
紫色	8
橘黄色	2
紫色	1
橘黄色	1
粉红色	1
紫色	2
橘黄色	5
粉红色	1
绿色	2
黄色	1
粉红色	65
绿色	1
黄色	2
粉红色	4
橘黄色	3
紫色	1
橘黄色	3
粉红色	2
紫色	2
橘黄色	3
粉红色	1
绿色	1
黄色	1
粉红色	66
绿色	2
黄色	1
粉红色	3
橘黄色	3
紫色	1
粉红色	1
紫色	1
橘黄色	2
粉红色	4
紫色	2
橘黄色	2
黄色	1

颜色	颗数
粉红色	227
橘黄色	1
粉红色	89
橘黄色	1
粉红色	78
橘黄色	2
粉红色	8
橘黄色	2
粉红色	79
橘黄色	3
粉红色	5
橘黄色	3
紫色	1
粉红色	78
橘黄色	4
粉红色	4
橘黄色	3
紫色	1
粉红色	79
紫色	1
橘黄色	3
粉红色	2
橘黄色	3
紫色	1
粉红色	73
黄色	2
粉红色	5
紫色	1
橘黄色	4
粉红色	1
橘黄色	2
紫色	1
粉红色	2
橘黄色	4
紫色	1
粉红色	67
黄色	2
粉红色	6
紫色	2
橘黄色	2
粉红色	1
橘黄色	1
紫色	1
粉红色	2
橘黄色	4
紫色	1
粉红色	68
黄色	3
粉红色	7
紫色	1
橘黄色	3
紫色	1
橘黄色	4
紫色	3

穿入串珠的顺序

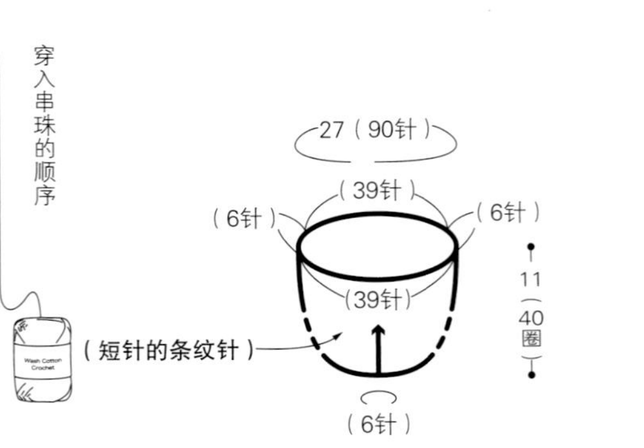

※将反面作为口金包的正面使用。

组合方法

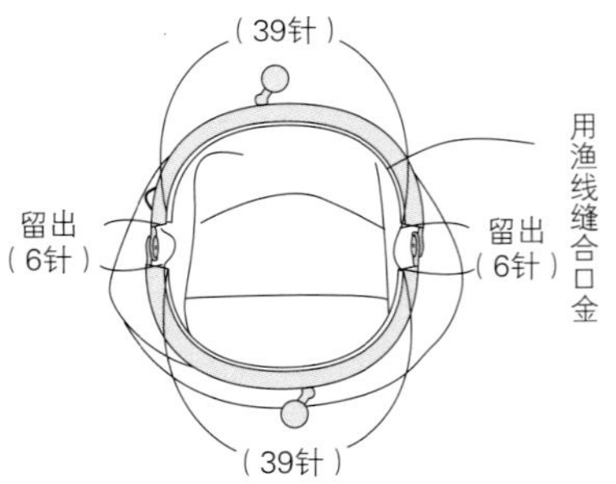

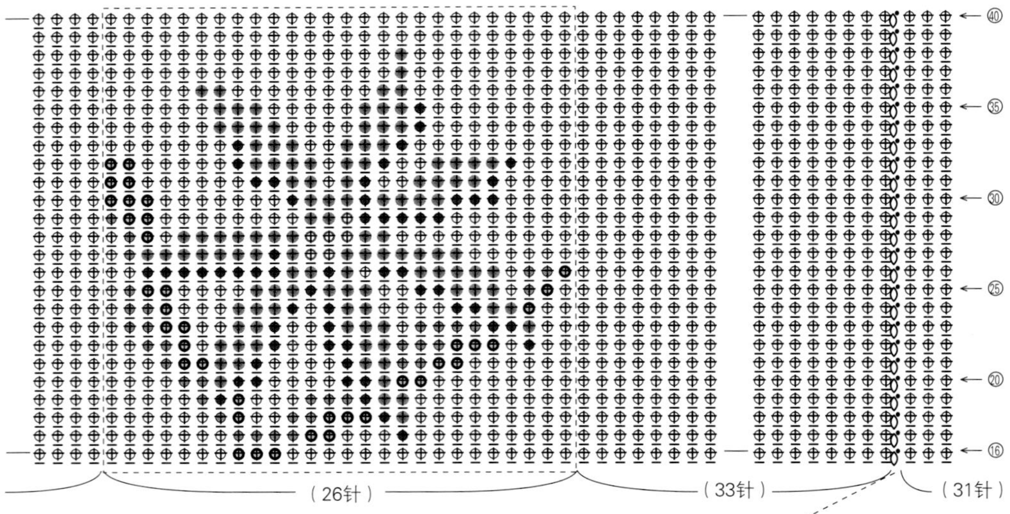

主体针数表

圈数	针数	
第16~40圈	90针	
第15圈	90针	（+6针）
第14圈	84针	（+6针）
第13圈	78针	（+6针）
第12圈	72针	（+6针）
第11圈	66针	（+6针）
第10圈	60针	（+6针）
第9圈	54针	（+6针）
第8圈	48针	（+6针）
第7圈	42针	（+6针）
第6圈	36针	（+6针）
第5圈	30针	（+6针）
第4圈	24针	（+6针）
第3圈	18针	（+6针）
第2圈	12针	（+6针）
第1圈	6针	

配色
○=粉红色
◎=黄色
◉=绿色
●=紫色
◍=橘黄色
○=白色

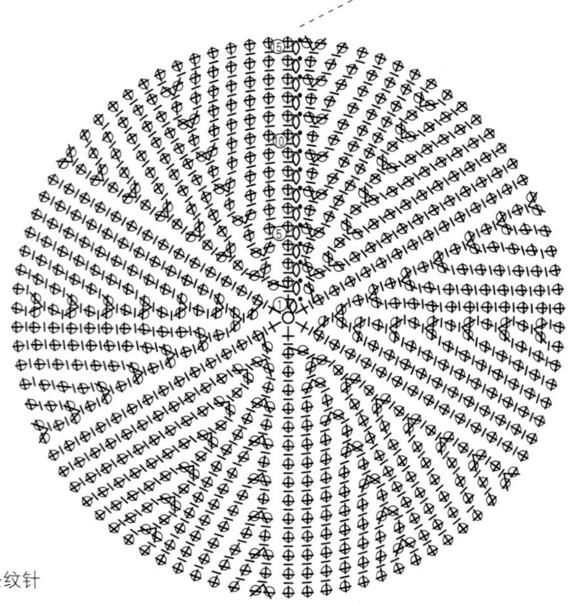

± =短针的条纹针

p.49
花朵图案的口金包（左）

材料与工具

Hamanaka Wash Cotton Crochet 原色（102）20g，TOHO 大号圆串珠 白色（762）2270颗、粉红色（764）107颗、紫色（554F）160颗、绿色（560F）38颗、黄色（559F）29颗

Hamanaka 包包用口金（H-207-008）1个，渔线适量

钩针2/0号

成品尺寸

宽 11cm，深 10cm（不含口金）

编织密度

10cm×10cm 面积内：短针 33 针，36 行

制作要点

●预先按指定顺序在线上穿好所需数量的串珠。

●环形起针后钩第1圈。从第2圈开始，参照图解一边钩入串珠，一边在前一圈针目头部的后面半针里挑针钩短针的条纹针。

●串珠突出的一面作为口金包的正面，用渔线将口金缝在主体上。

穿入串珠的顺序

颜色	颗数
白色	312
紫色	8
白色	81
紫色	11
白色	75
紫色	5
粉红色	7
紫色	3
白色	74
紫色	4
粉红色	10
紫色	2
白色	73
紫色	4
粉红色	5
紫色	3
粉红色	3
紫色	3
白色	71
紫色	4
粉红色	4
紫色	5
粉红色	2
紫色	5

白色	70
紫色	4
粉红色	3
紫色	6
粉红色	3
紫色	1
粉红色	1
紫色	3
白色	69
紫色	4
粉红色	3
紫色	1
粉红色	1
紫色	3
粉红色	4
紫色	1
粉红色	1
紫色	3
白色	69
紫色	4
粉红色	3
紫色	1
粉红色	7
紫色	2
粉红色	2
紫色	2

白色	69
紫色	3
粉红色	3
紫色	2
粉红色	4
紫色	4
粉红色	2
紫色	3
白色	71
紫色	2
粉红色	4
紫色	8
粉红色	3
紫色	2
白色	70
绿色	1
紫色	3
粉红色	5
紫色	4
粉红色	4
紫色	3
白色	69
绿色	3
紫色	3
粉红色	11
紫色	3
黄色	1

白色	68
绿色	4
紫色	4
粉红色	9
紫色	4
黄色	1
白色	67
绿色	6
紫色	8
粉红色	3
紫色	3
黄色	4
白色	66
绿色	3
黄色	6
紫色	9
绿色	3
黄色	4
白色	65
绿色	2
黄色	5
白色	8
绿色	8
黄色	2
白色	65
黄色	6
白色	11
绿色	8
白色	747

编织起点

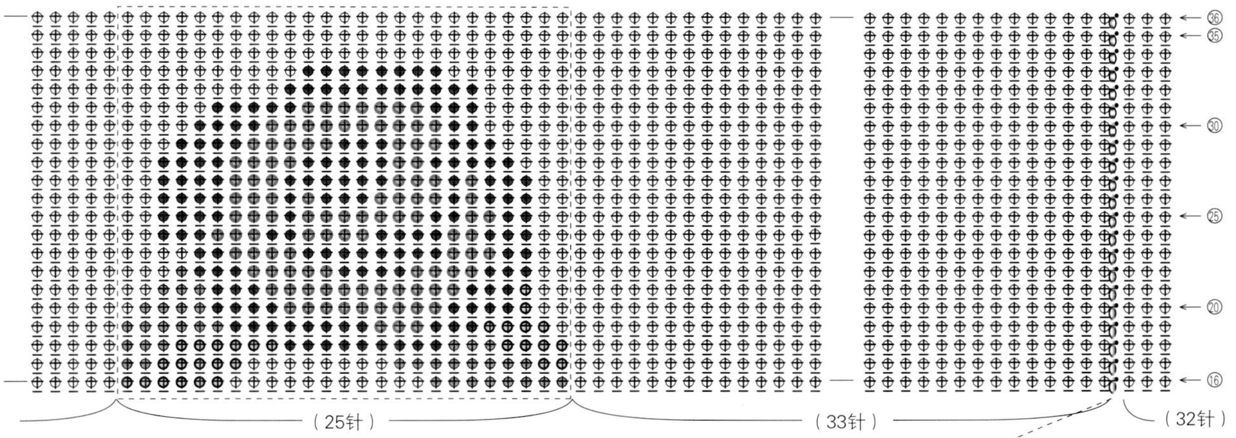

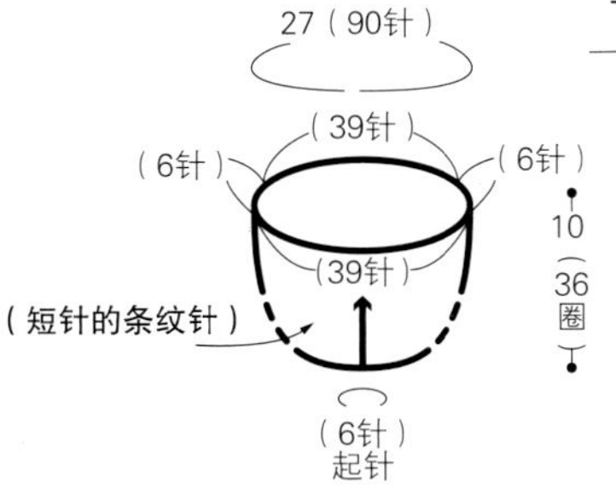

※将反面作为口金包的正面使用。

配色
- ○=白色
- ◎=黄色
- ◉=绿色
- ●=紫色
- ◍=粉红色

主体针数表

圈数	针数	
第16~36圈	90针	
第15圈	90针	（+6针）
第14圈	84针	（+6针）
第13圈	78针	（+6针）
第12圈	72针	（+6针）
第11圈	66针	（+6针）
第10圈	60针	（+6针）
第9圈	54针	（+6针）
第8圈	48针	（+6针）
第7圈	42针	（+6针）
第6圈	36针	（+6针）
第5圈	30针	（+6针）
第4圈	24针	（+6针）
第3圈	18针	（+6针）
第2圈	12针	（+6针）
第1圈	6针	

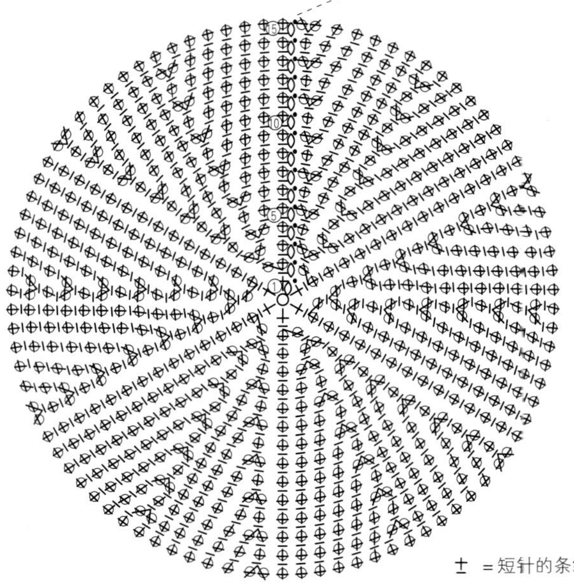

± =短针的条纹针

组合方法

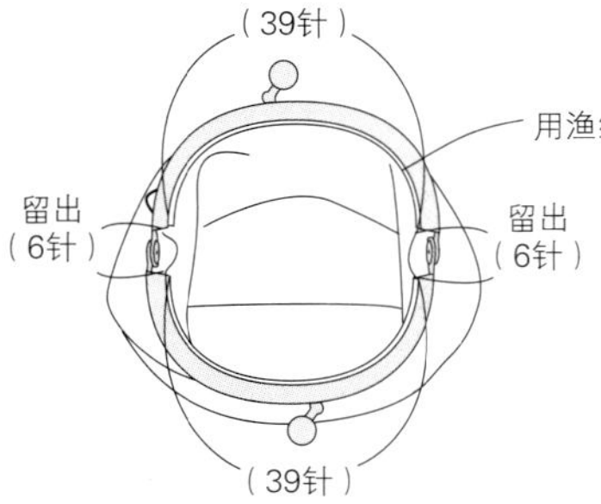

p.48
褶皱饰边口金手提包

材料与工具

Olympus Emmy Grande 淡粉色（810）50g，
MIYUKI 大号圆串珠 白色（869）1200 颗，
INAZUMA 口金（BK-1971 #AG）1 个
钩针 2/0 号

成品尺寸

宽 22cm，深 11cm（不含提手）

编织密度

10cm×10cm 面积内：编织花样 A 30 针，22 行；编织花样 B 27.5 针，15.5 行

制作要点

●主体钩 57 针锁针起针，钩 12 行的编织花样 A。
●接着加 4 针钩编织花样 B 的第 1 行。
●断一次线，在线上穿入串珠。
●继续钩织编织花样 B。在指定位置钩入 3 颗串珠后钩锁针。钩织 2 片相同的织片。
●提手钩 300 针锁针起针，钩 1 行中长针，然后如图所示钩 1 圈引拔针。
●参照图示组合主体部分，再将口金缝在主体上。在口金上穿入提手。

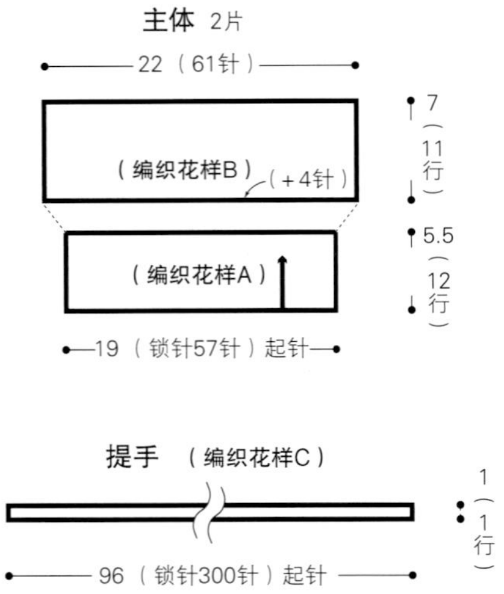

► =断线

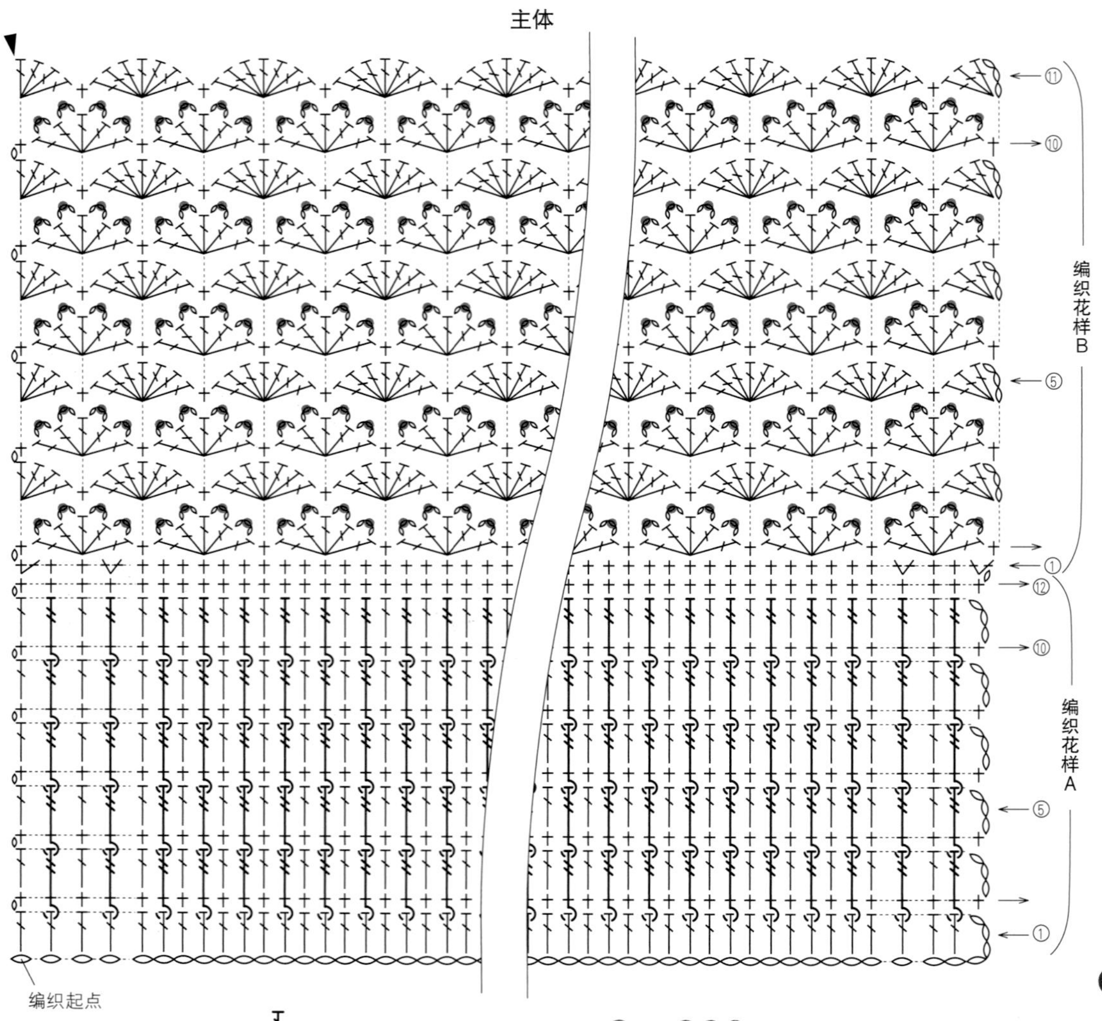

= 长长针的正拉针

= 在1针锁针里钩入3颗串珠

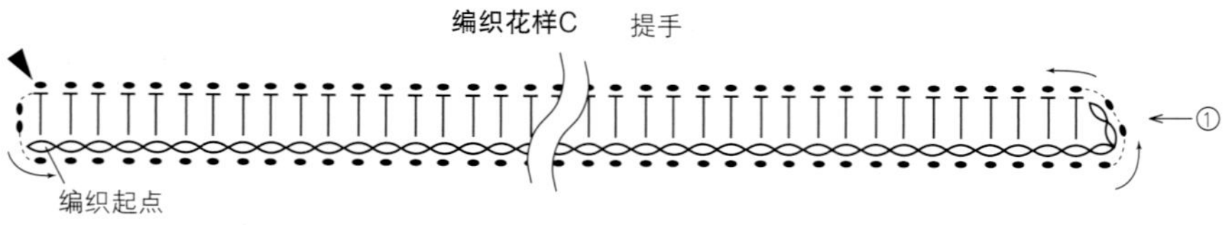

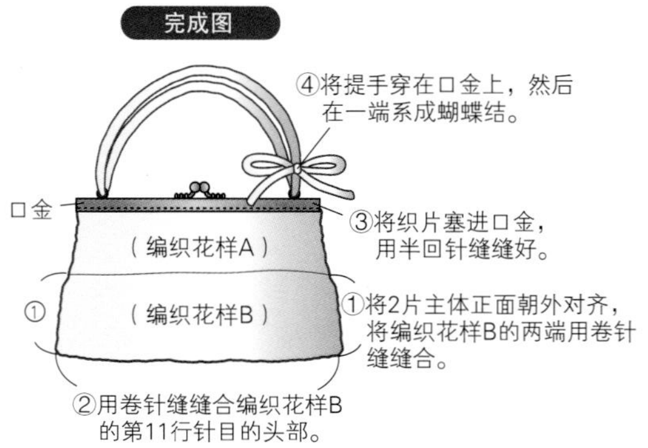

p.21
条纹花样的贝雷帽

材料与工具
DARUMA 手编线 HEMP STRING 紫色（8）85g，
原色（2）15g
钩针 6/0 号

成品尺寸
头围 52cm

编织密度
10cm×10cm 面积内：条纹编织花样 24 针，9 行

制作要点
●主体环形起针，如图所示钩 18 圈条纹编织花样。
●继续钩 6 圈边缘编织。

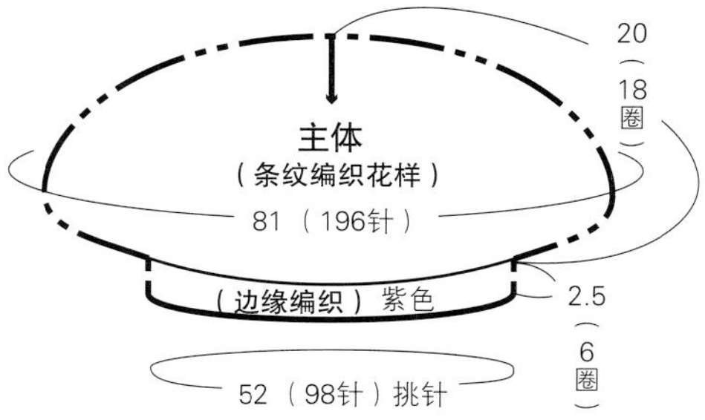

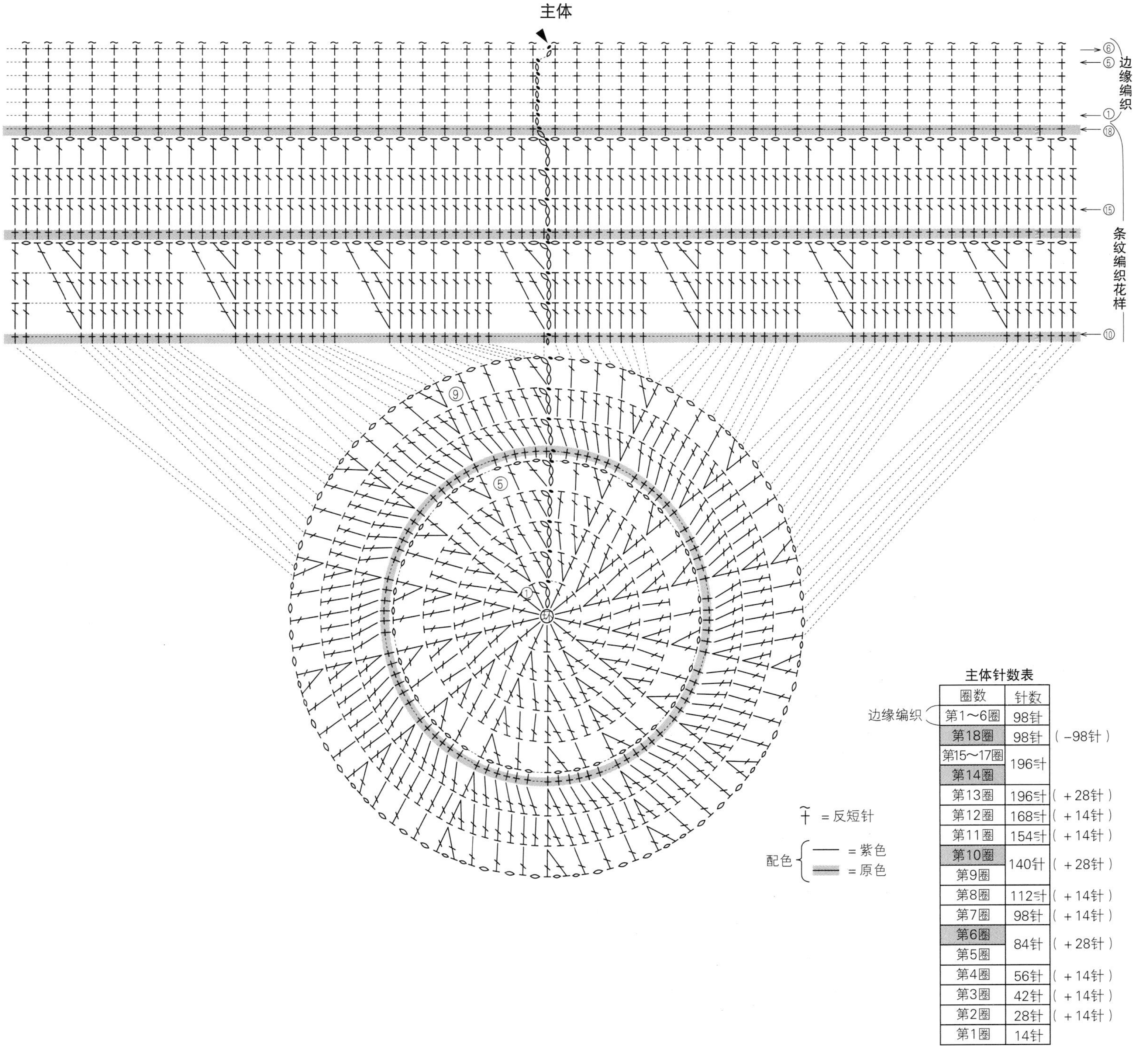

干 = 反短针

配色 { —— = 紫色；▬ = 原色 }

主体针数表

	圈数	针数	
边缘编织	第1～6圈	98针	
	第18圈	98针	（-98针）
	第15～17圈	196针	
	第14圈		
	第13圈	196针	（+28针）
	第12圈	168针	（+14针）
	第11圈	154针	（+14针）
	第10圈	140针	（+28针）
	第9圈		
	第8圈	112针	（+14针）
	第7圈	98针	（+14针）
	第6圈	84针	（+28针）
	第5圈		
	第4圈	56针	（+14针）
	第3圈	42针	（+14针）
	第2圈	28针	（+14针）
	第1圈	14针	

p.46
菱形花样的小号口金包

材料与工具
左：Olympus Emmy Grande 藏青色（318）8g，TOHO 大号圆串珠（558、银色）462 颗，INAZUMA 口金（BK-673）1 个
钩针 2/0 号
右：Olympus Emmy Grande <Herbs> 奶油色（732）8g，TOHO 大号圆串珠（907、粉红色）462 颗，INAZUMA 口金（BK-673）1 个
钩针 2/0 号

成品尺寸
宽 8cm，深 6cm（不含口金）

制作要点
●在开始钩织前，预先在线上穿好串珠。
●环形起针，参照图解，一边钩入串珠一边钩 23 圈。
●串珠突出的一面作为口金包的正面，用相同的线将主体的★部分缝在口金上。

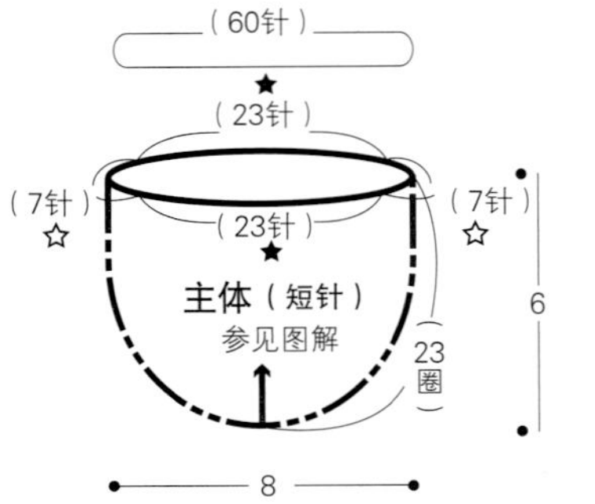

※将反面作为口金包的正面使用。

完成图

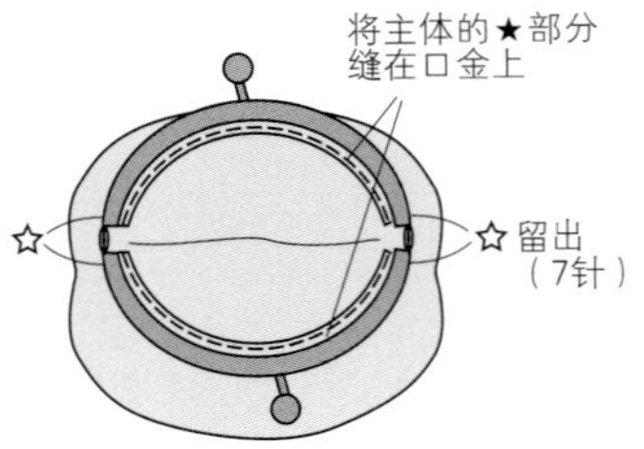

主体

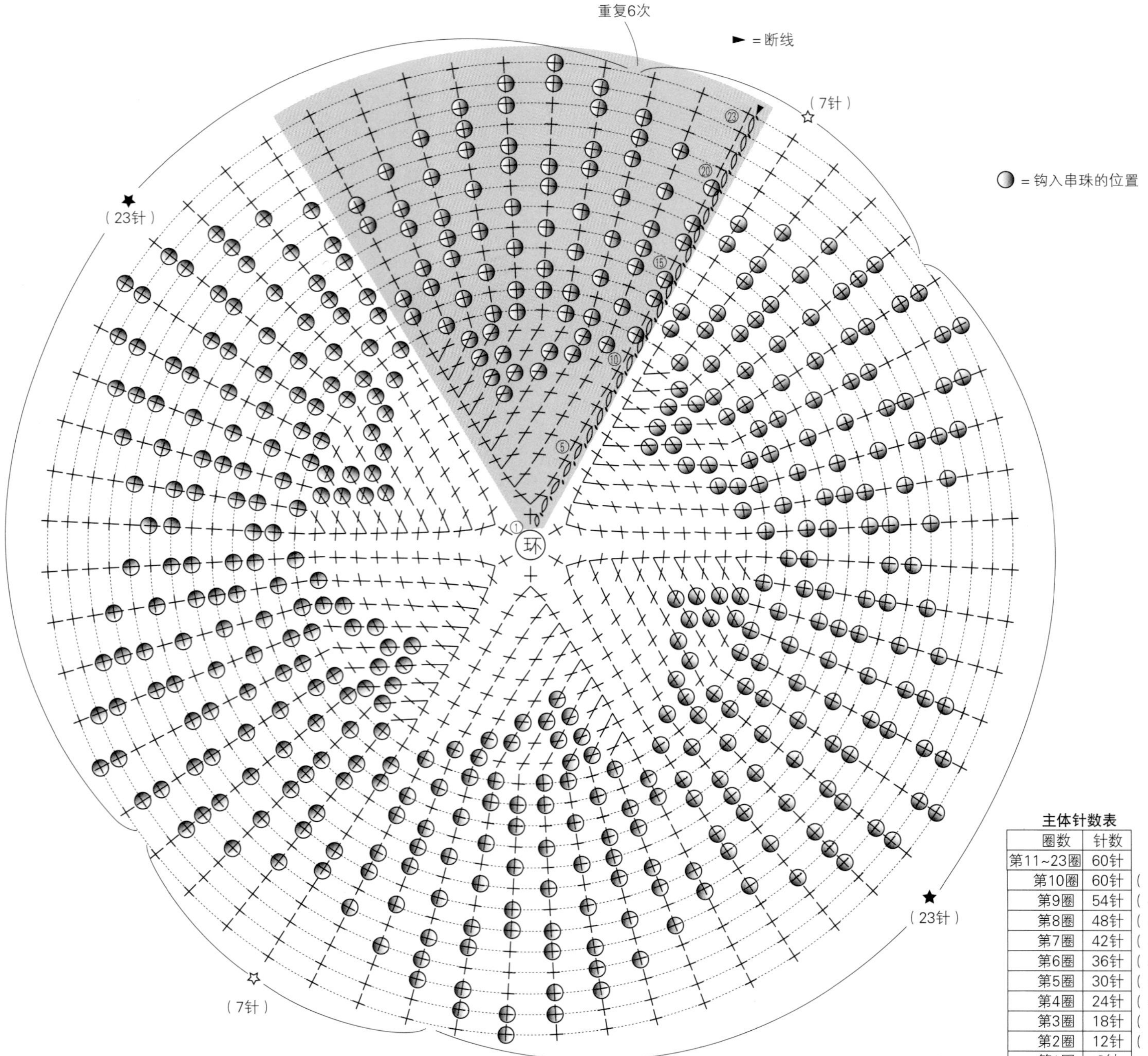

主体针数表

圈数	针数	
第11~23圈	60针	
第10圈	60针	（+6针）
第9圈	54针	（+6针）
第8圈	48针	（+6针）
第7圈	42针	（+6针）
第6圈	36针	（+6针）
第5圈	30针	（+6针）
第4圈	24针	（+6针）
第3圈	18针	（+6针）
第2圈	12针	（+6针）
第1圈	6针	

p.21

色调素雅的帽子

材料与工具

Puppy Leafy 绿色系段染（724）40g，cotton KONA 原色（2）11g

钩针 7/0 号、4/0 号

成品尺寸

头围 52cm，深 22cm

编织密度

10cm × 10cm 面积内：短针 17 针，19 行

制作要点

●主体的帽顶环形起针后开始钩织。参照图解，一边加针一边钩15圈短针。接着钩帽身，无须加减针，钩19圈。帽檐一边加针一边钩8圈。

●饰带钩137针锁针起针，参照图解钩5行编织花样。

●参照完成图，在主体的帽身下侧缝上饰带。

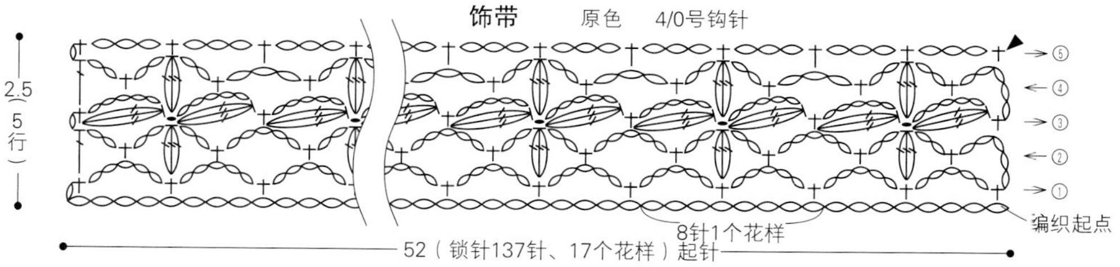

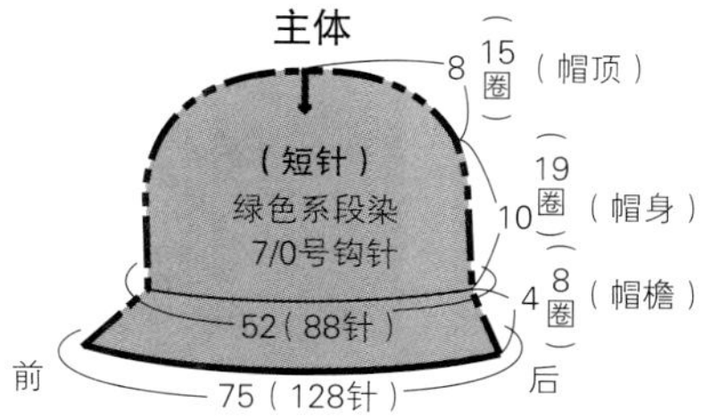

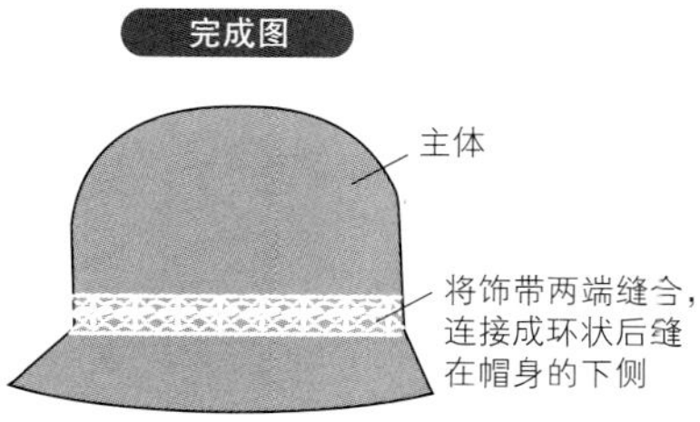

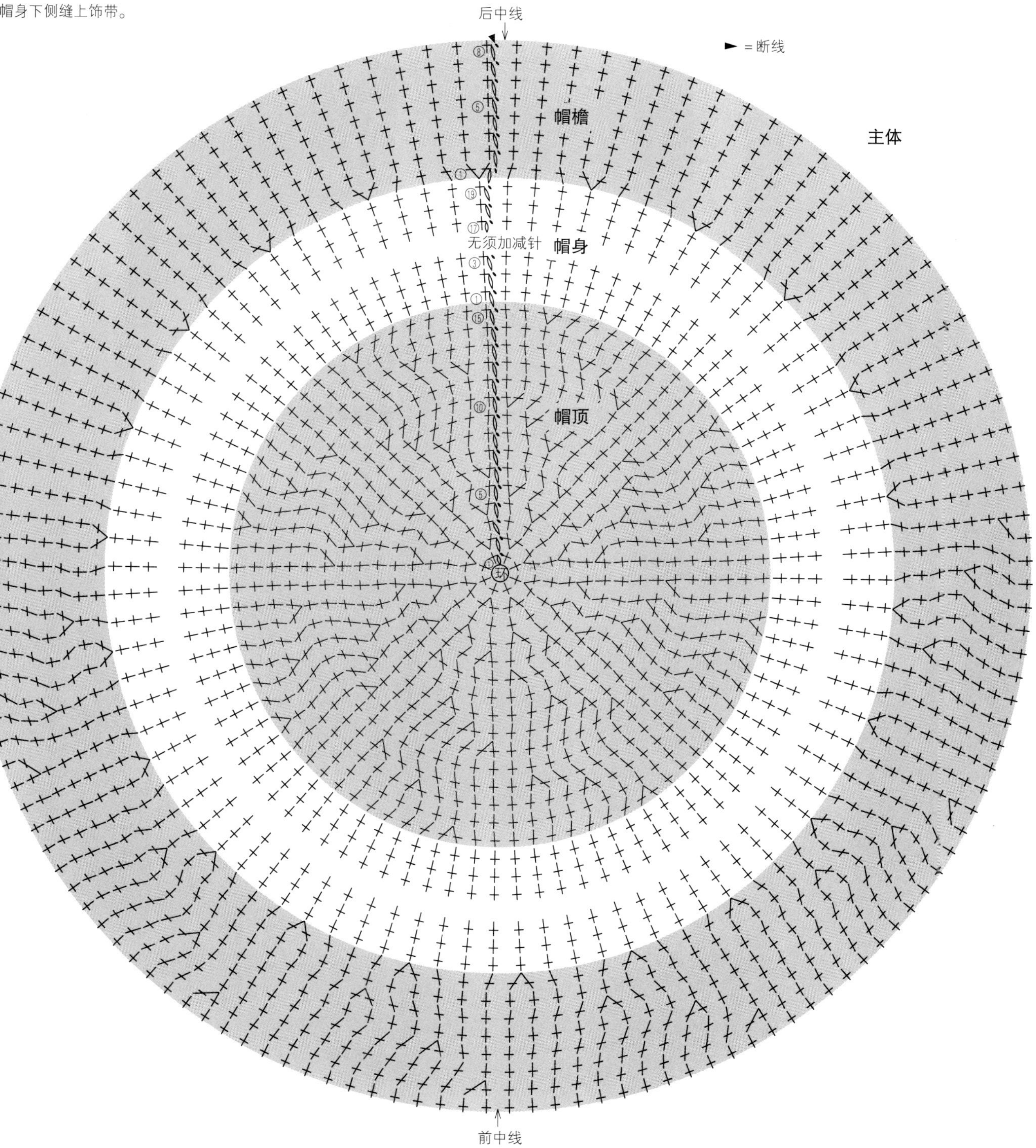

帽檐针数表

圈数	针数	
第8圈	128针	
第7圈	128针	（+6针）
第6圈	122针	
第5圈	122针	（+6针）
第4圈	116针	
第3圈	116针	（+6针）
第2圈	110针	
第1圈	110针	

帽顶针数表

圈数	针数	
第15圈	88针	（+8针）
第14圈	80针	
第13圈	80针	（+8针）
第12圈	72针	（+8针）
第11圈	64针	
第10圈	64针	（+8针）
第9圈	56针	（+8针）
第8圈	48针	（+8针）
第7圈	40针	
第6圈	40针	（+8针）
第5圈	32针	（+8针）
第4圈	24针	（+8针）
第3圈	16针	
第2圈	16针	（+8针）
第1圈	8针	

p.20
简约卷边帽

材料与工具

MARCHEN-ART Jute fix 极细 卡其灰（767）165g（约 195m）

钩针 5/0 号

成品尺寸

头围 59cm，深 15cm

编织密度

10cm × 10cm 面积内：短针 18.5 针，20 圈

制作要点

●帽顶钩 6 针锁针起针，参照图解分散加针。

●接着，一边分散加针一边钩帽身和帽檐。帽身的第 1 圈在前一圈针目头部的后面 1 根线里挑针，帽檐的第 1 圈在前一圈针目头部的前面 1 根线里挑针，钩短针的条纹针。帽檐的最后一圈钩引拔针的条纹针。

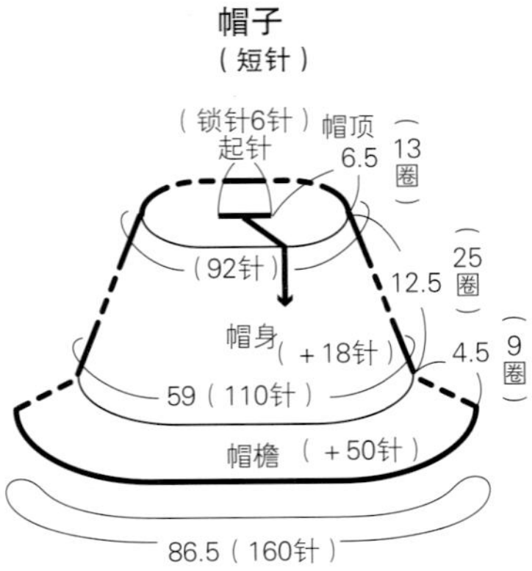

帽檐

► ＝断线

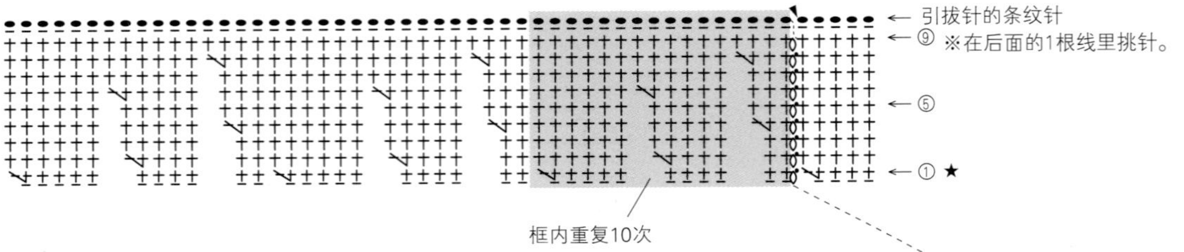

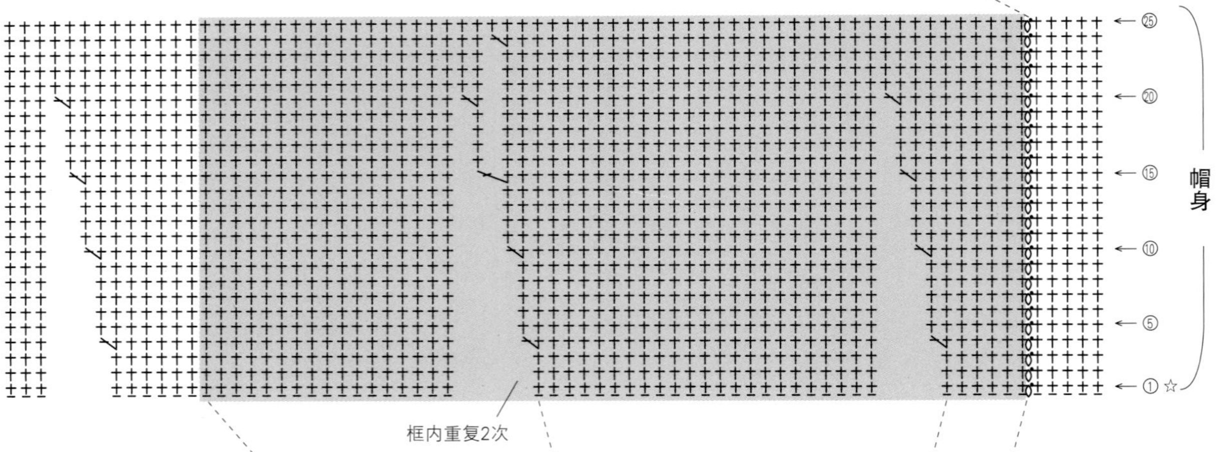

± ＝短针的条纹针

※帽身的第1圈（☆）在前一圈针目头部的后面1根线里挑针，帽檐的第1圈（★）在前一圈针目头部的前面1根线里挑针。

帽顶

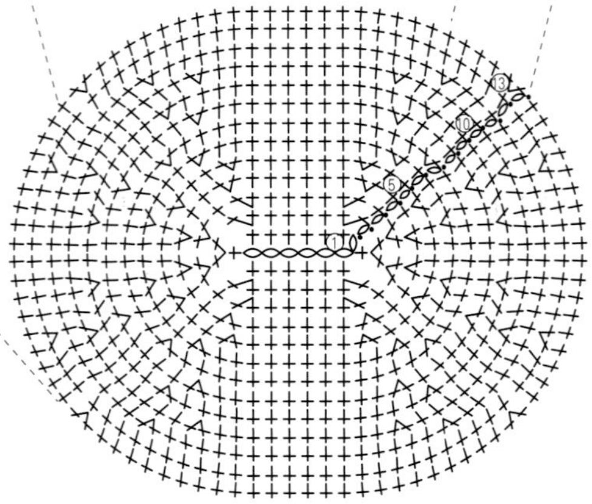

针数表

帽檐	第9圈	160针	
	第8圈	160针	（＋10针）
	第7圈	150针	
	第6圈	150针	（＋10针）
	第5圈	140针	
	第4圈	140针	（＋10针）
	第3圈	130针	
	第2圈	130针	（＋10针）
	第1圈	120针	（＋10针）
帽身	第25圈	110针	
	第24圈	110针	（＋2针）
	第21～23圈	108针	
	第20圈	108针	（＋4针）
	第16～19圈	104针	
	第15圈	104针	（＋4针）
	第11～14圈	100针	
	第10圈	100针	（＋4针）
	第5～9圈	96针	
	第4圈	96针	（＋4针）
	第1～3圈	92针	
帽顶	第13圈	92针	（＋4针）
	第12圈	88针	（＋4针）
	第11圈	84针	（＋4针）
	第10圈	80针	（＋8针）
	第9圈	72针	（＋8针）
	第8圈	64针	（＋8针）
	第7圈	56针	（＋4针）
	第6圈	52针	（＋8针）
	第5圈	44针	（＋8针）
	第4圈	36针	（＋8针）
	第3圈	28针	（＋8针）
	第2圈	20针	（＋6针）
	第1圈	14针	

p.20

牛仔风宽檐帽

材料与工具

MARCHEN-ART Jute fix 极细 原色（350）180g（约 210m），MARCHEN suede 深棕色（1565）130cm，贝壳配件（自然素材配件 AC1283）1 个

钩针 5/0 号

成品尺寸

头围 54cm，深 17.5cm

编织密度

10cm×10cm 面积内：短针 18.5 针，20 行

制作要点

●帽顶钩 6 针锁针起针，参照图解一边加针一边钩短针。

●接着，一边分散加针一边钩帽身和帽檐。帽身的第 1 圈在前一圈针目头部的后面 1 根线里挑针，帽檐的第 1 圈在前一圈针目头部的前面 1 根线里挑针，钩短针的条纹针。

●将贝壳配件穿在系绳上，再在帽身最后一圈的 2 处短针的足部穿入系绳，打结。

装饰

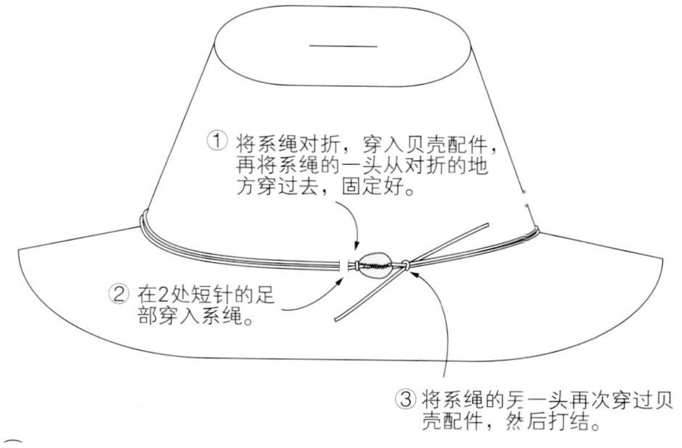

帽子

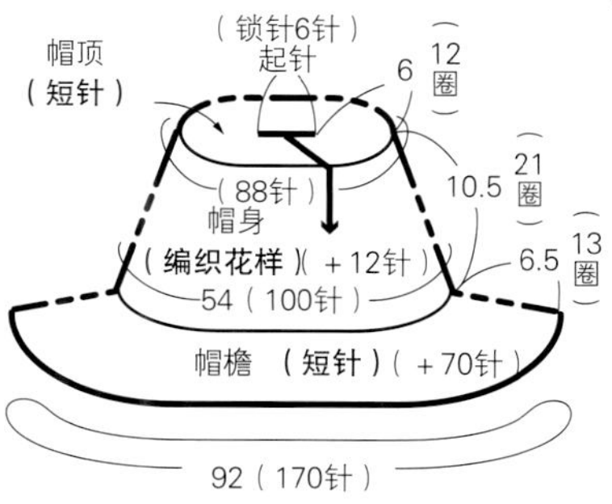

► = 断线

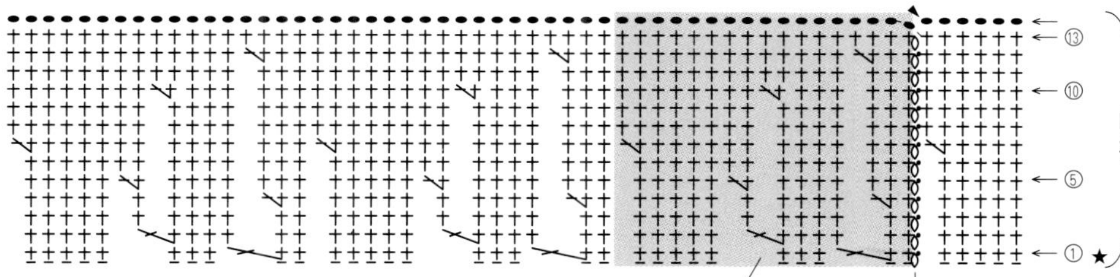

系绳穿入位置

※在另一侧的相同位置也穿入系绳。

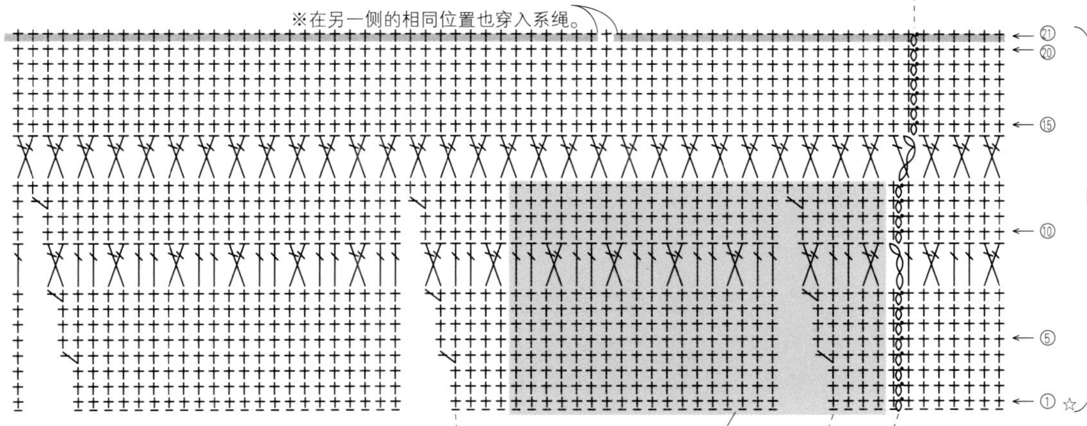

± = 短针的条纹针

※帽身的第1圈（☆）在前一圈针目头部的后面1根线里挑针，帽檐的第1圈（★）在前一圈针目头部的前面1根线里挑针。

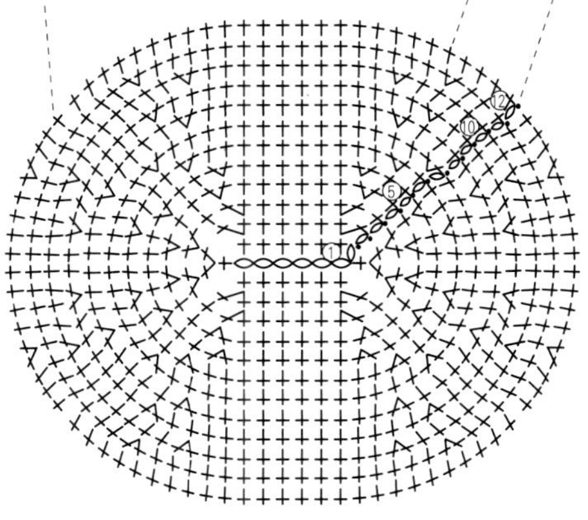

帽顶

针数表

帽檐	第13圈	170针	
	第12圈	170针	（+10针）
	第11圈	160针	
	第10圈	160针	（+10针）
	第9圈	150针	
	第8圈	150针	
	第7圈	150针	（+10针）
	第6圈	140针	
	第5圈	140针	（+10针）
	第4圈	130针	（+10针）
	第3圈	120针	
	第2圈	120针	（+10针）
	第1圈	110针	（+10针）
帽身	第13~21圈	100针	
	第12圈	100针	
	第9~11圈	96针	（+4针）
	第8圈	96针	
	第5~7圈	92针	（+4针）
	第4圈	92针	
	第1~3圈	88针	
帽顶	第12圈	88针	（+4针）
	第11圈	84针	（+4针）
	第10圈	80针	（+4针）
	第9圈	72针	（+8针）
	第8圈	64针	（+8针）
	第7圈	56针	（+8针）
	第6圈	52针	（+4针）
	第5圈	44针	（+8针）
	第4圈	36针	（+8针）
	第3圈	28针	（+8针）
	第2圈	20针	（+8针）
	第1圈	14针	（+6针）

p.47
樱桃图案的口金包

材料与工具

Olympus Emmy Grande 红色（192）12g，米色（731）3g，TOHO 大号圆串珠（331、红色）1272 颗、（123、象牙色）366 颗，INAZUMA 口金（BK-742S）1 个
钩针 2/0 号

成品尺寸

宽 10.5cm，深 7.5cm（不含口金）

制作要点

●在开始钩织前，在红色线上穿入红色的串珠，在米色线上穿入象牙色的串珠。
●环形起针，参照图解和 p.50，一边钩入串珠一边钩 28 圈。
●串珠突出的一面作为口金包的正面，用红色线将主体的★部分缝在口金上。

完成图

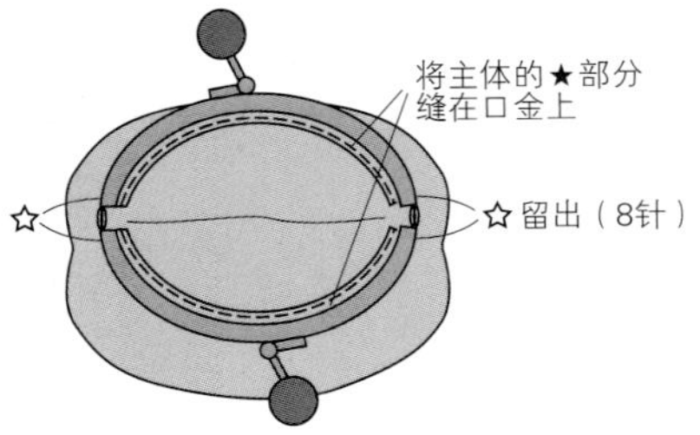

主体 参见图解

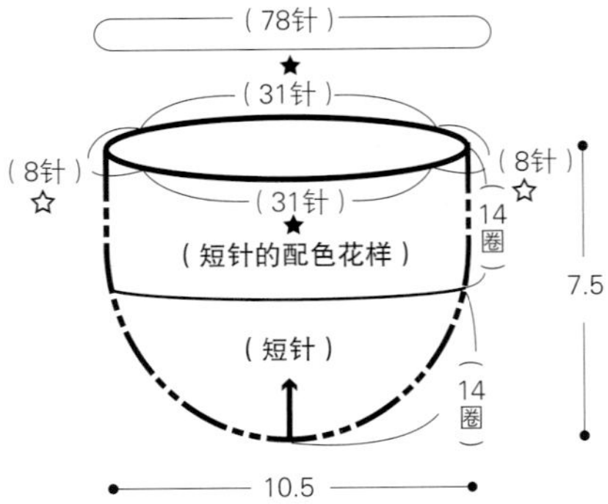

※将反面作为口金包的正面使用。

主体

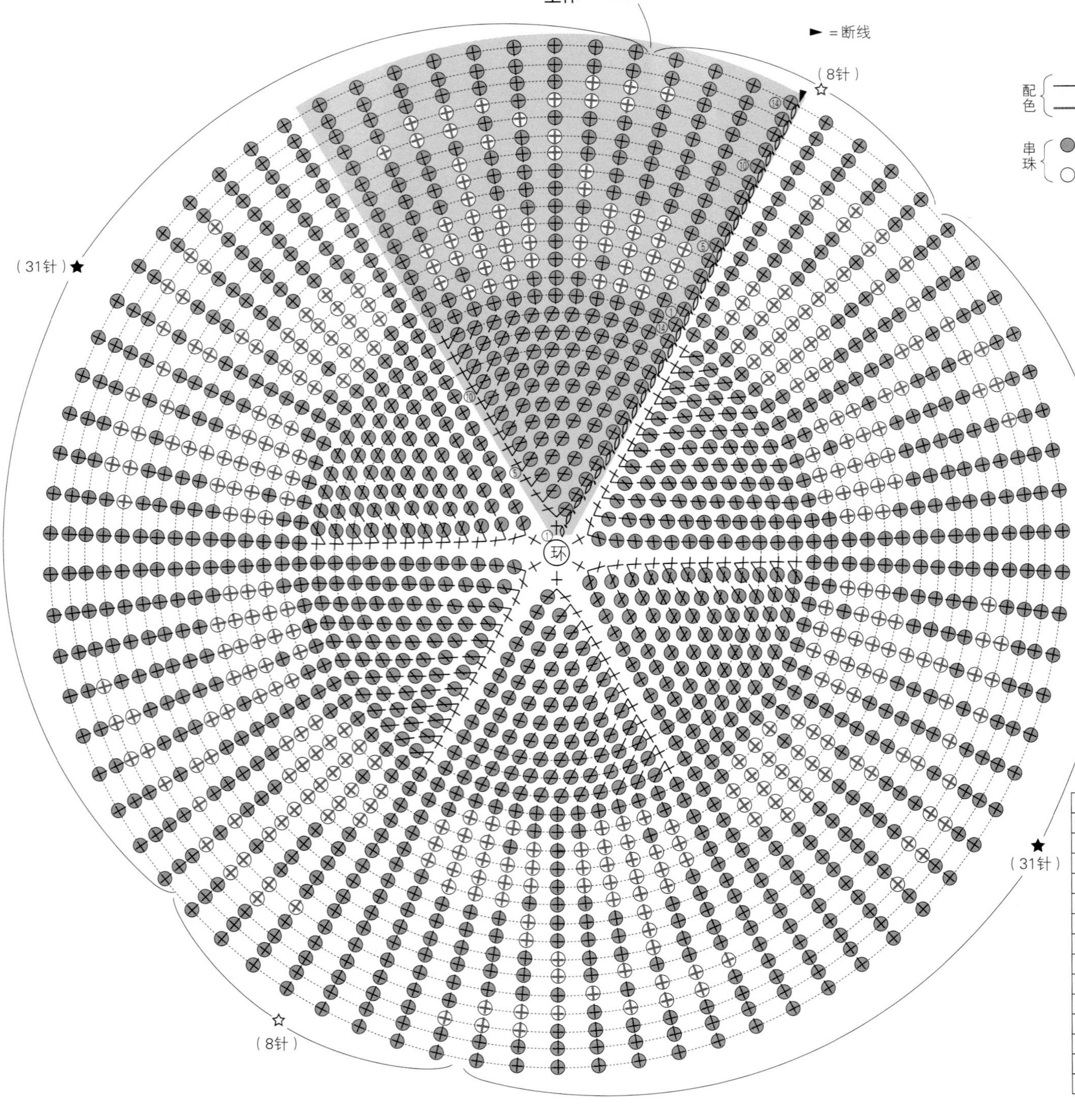

主体针数表

圈数	针数	
第14~28圈	78针	
第13圈	78针	（+6针）
第12圈	72针	（+6针）
第11圈	66针	（+6针）
第10圈	60针	（+6针）
第9圈	54针	（+6针）
第8圈	48针	（+6针）
第7圈	42针	（+6针）
第6圈	36针	（+6针）
第5圈	30针	（+6针）
第4圈	24针	（+6针）
第3圈	18针	（+6针）
第2圈	12针	（+6针）
第1圈	6针	

p.22

双色圆底托特包

材料与工具

WISTER CROCHET JUTE < 细 > 自然色（1）约 210m，CROCHET JUTE < 细 > COLOR 深红色（4）约 80m
钩针 8/0 号

成品尺寸

袋口宽 40cm，深 20cm（不含提手）

编织密度

10cm × 10cm 面积内：短针 12 针，13 行

制作要点

- ●底部环形起针后开始钩织。参照图解，一边加针一边钩 16 圈短针。接着钩侧面，无须加减针，钩 23 圈短针。在第 21 圈换线钩织。
- ●接线钩提手部分的 40 针锁针，2 处。
- ●在袋口和提手的外侧钩 3 圈短针。
- ●在提手的内侧钩 3 圈短针。

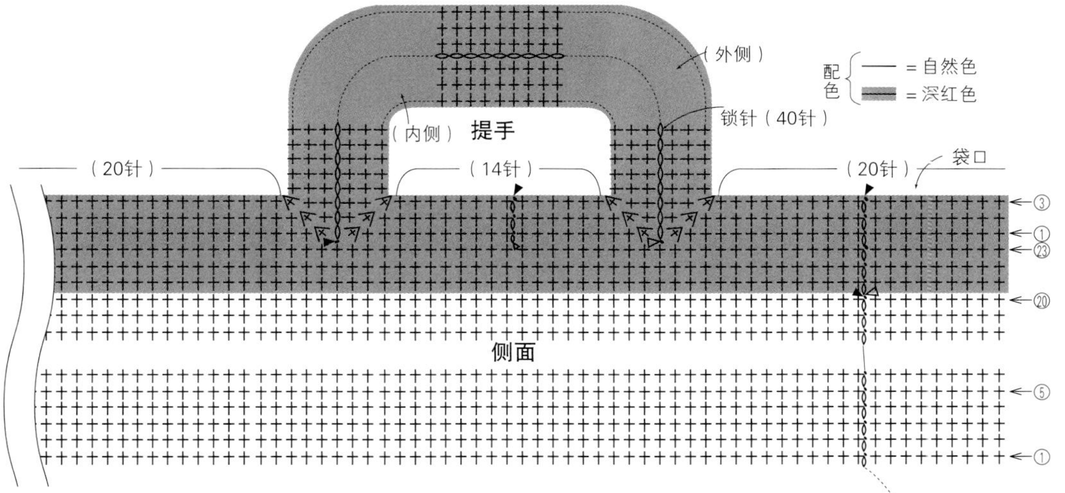

▷ = 接线
► = 断线

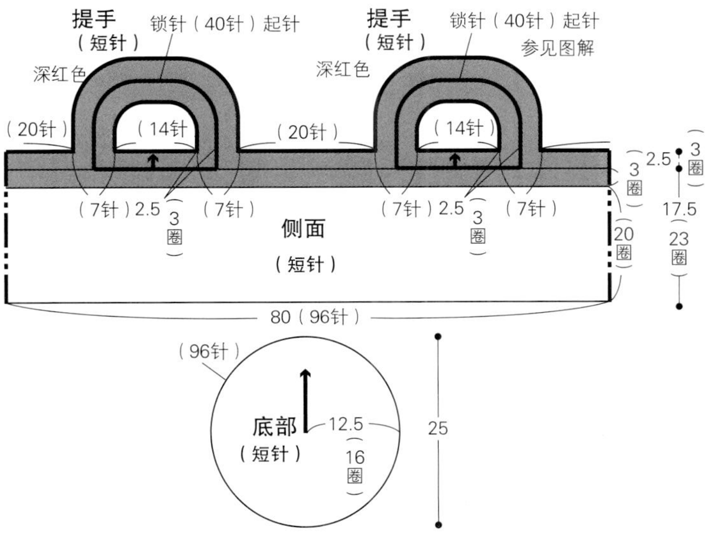

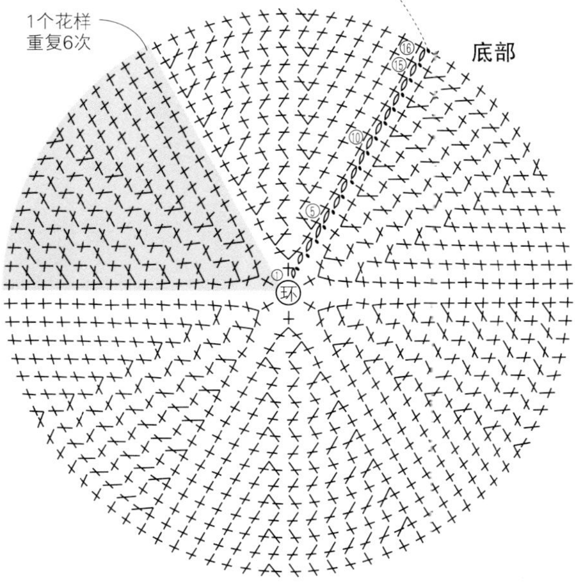

底部针数表

圈数	针数	
第16圈	96针	（+6针）
第15圈	90针	（+6针）
第14圈	84针	（+6针）
第13圈	78针	（+6针）
第12圈	72针	（+6针）
第11圈	66针	（+6针）
第10圈	60针	（+6针）
第9圈	54针	（+6针）
第8圈	48针	（+6针）
第7圈	42针	（+6针）
第6圈	36针	（+6针）
第5圈	30针	（+6针）
第4圈	24针	（+6针）
第3圈	18针	（+6针）
第2圈	12针	（+6针）
第1圈	6针	

双色圆底收纳包

材料与工具

WISTER CROCHET JUTE <细> 自然色（1）约 35m，CROCHET JUTE <细> COLOR 深红色（4）约30m，拉链（红色）20cm 1条
钩针 8/0 号

成品尺寸

袋口宽 20cm，深 10cm

编织密度

10cm × 10cm 面积内：短针 12 针，13 行

制作要点

- ●底部环形起针后开始钩织。参照图解，一边加针一边钩 8 圈短针。接着钩侧面，无须加减针，钩 13 圈短针。在第 6 圈换线钩织。
- ●在袋口缝上拉链。

▷ = 接线
► = 断线

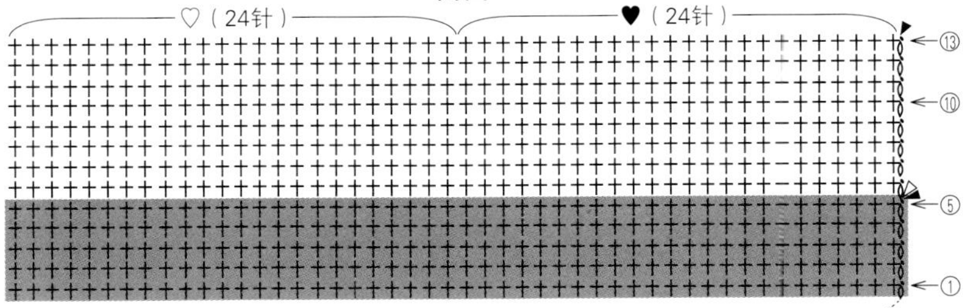

完成图

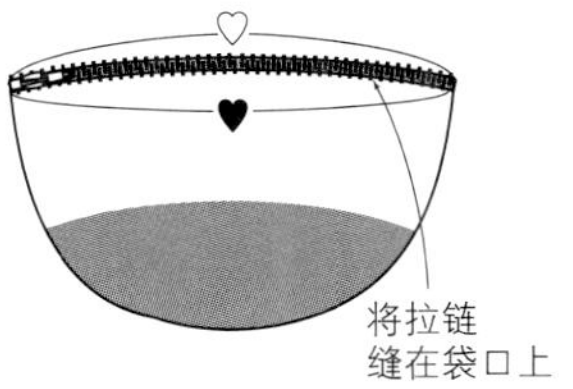

配色 = 自然色
= 深红色

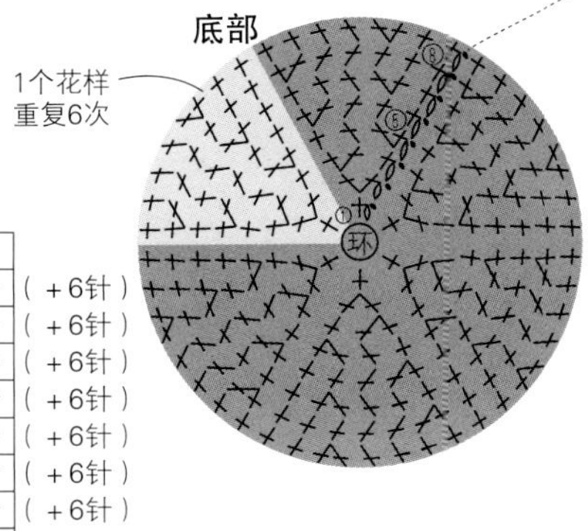

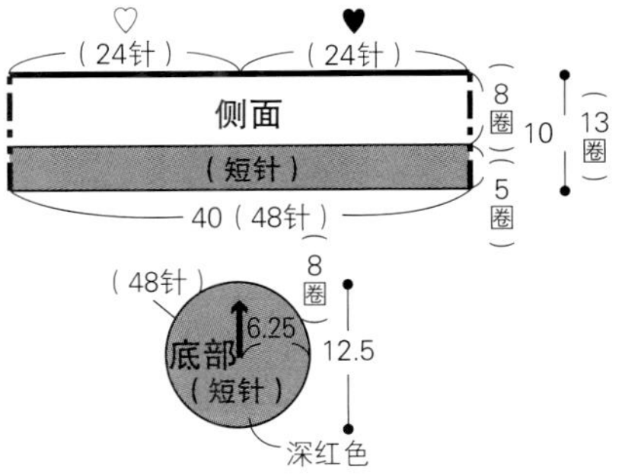

底部针数表

圈数	针数	
第8圈	48针	（+6针）
第7圈	42针	（+6针）
第6圈	36针	（+6针）
第5圈	30针	（+6针）
第4圈	24针	（+6针）
第3圈	18针	（+6针）
第2圈	12针	（+6针）
第1圈	6针	

p.23
配色花样的长方底托特包

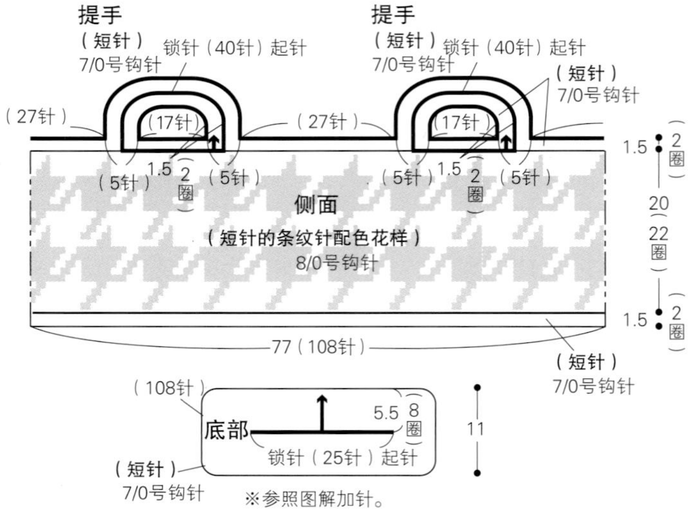

材料与工具

WISTER CROCHET JUTE <细> 自然色（1）约200m，CROCHET JUTE <细> COLOR 藏青色（6）约80m

钩针 7/0 号、8/0 号

成品尺寸

袋口宽 38.5cm，深 23cm（不含提手）

编织密度

10cm×10cm面积内：短针 14.5针，14.5行（7/0号钩针），短针的条纹针配色花样14针，11行（8/0号钩针）

制作要点

●底部钩 25 针锁针起针，参照图解，一边加针一边钩 8 圈短针。接着钩侧面，无须加减针，钩 2 圈短针。换针，钩 22 圈短针的条纹针配色花样。

●换针，接线钩提手部分的 40 针锁针，2 处。

●在袋口和提手的外侧钩 2 圈短针。

●在提手的内侧钩 2 圈短针。

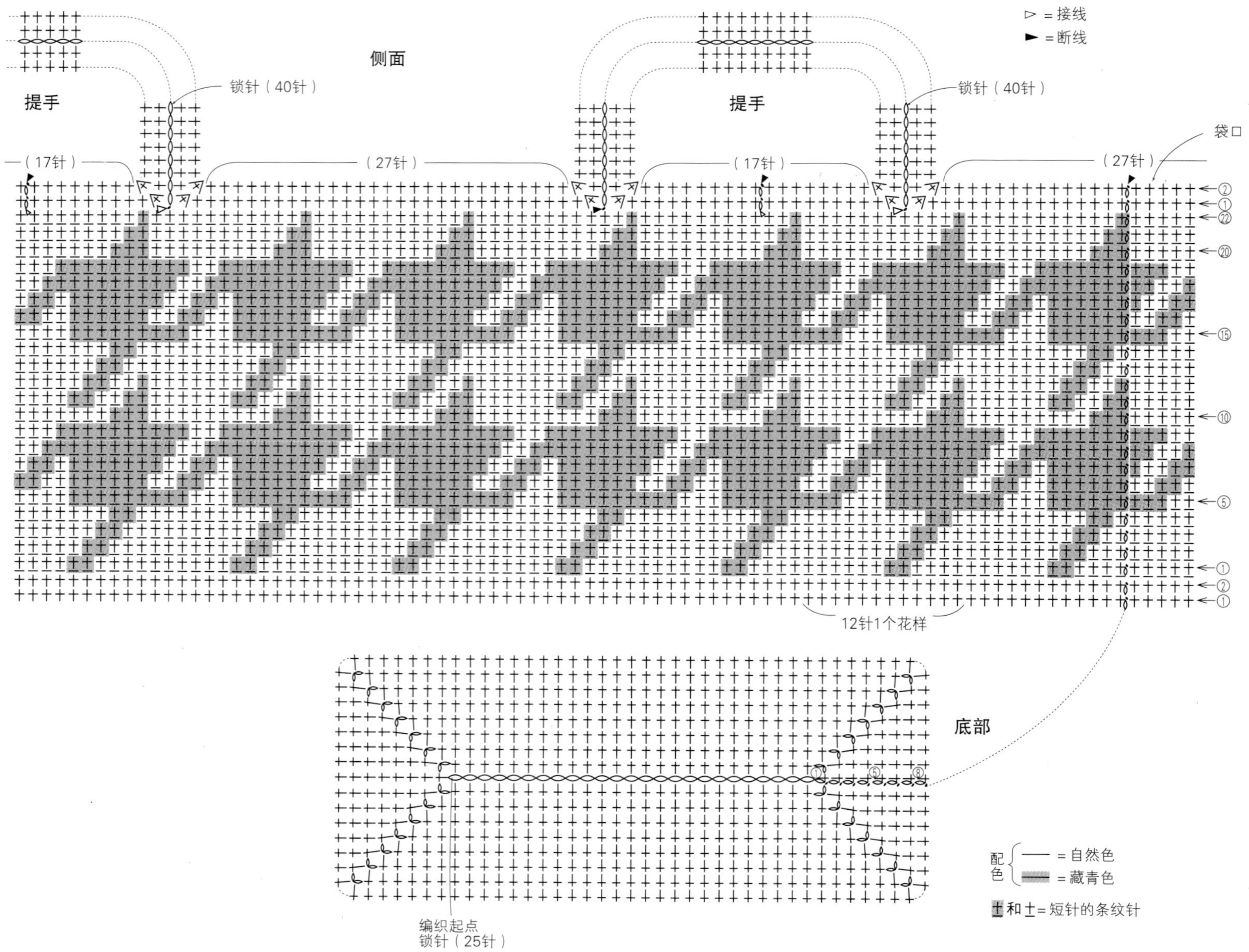

p.24
拉针钩织的帽子

材料与工具
Hamanaka eco-ANDARIA-crochet 米色（803）45g，原色（801）40g
钩针 4/0 号

成品尺寸
头围 55cm，深 15cm

编织密度
10cm×10cm 面积内：编织花样 A 29 针，22 行；编织花样 B 29 针，14.5 行

制作要点
●帽顶环形起针后开始钩织，参照图解，一边加针一边钩20圈编织花样A。接着钩帽身，无须加减针，钩 4 圈编织花样 A，然后每圈变换编织方向钩 9 圈编织花样 B。帽檐一边加针一边钩16圈编织花样A。

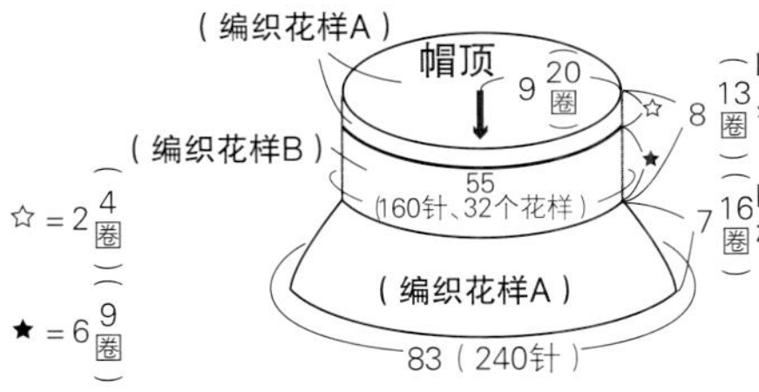

针数、配色表

	圈数	针数	配色	
帽檐	第16圈	240针	原色	
	第15圈	240针	米色	（+10针）
	第14圈	230针	米色	
	第13圈	230针	原色	（+10针）
	第12圈	220针	原色	
	第11圈	220针	米色	（+10针）
	第10圈	210针	米色	
	第9圈	210针	原色	（+10针）
	第8圈	200针	原色	
	第7圈	200针	米色	（+10针）
	第6圈	190针	米色	
	第5圈	190针	原色	（+10针）
	第4圈	180针	原色	
	第3圈	180针	米色	（+10针）
	第2圈	170针	米色	
	第1圈	170针	原色	（+10针）
帽身	第13圈	160针	米色	
	第5~12圈	32个花样	米色	
	第4圈	160针	米色	
	第3圈	160针	原色	
	第2圈	160针	原色	
	第1圈	160针	米色	
帽顶	第20圈	160针	米色	
	第19圈	160针	原色	（+16针）
	第18圈	144针	原色	
	第17圈	144针	米色	（+16针）
	第16圈	128针	米色	
	第15圈	128针	原色	（+16针）
	第14圈	112针	原色	
	第13圈	112针	米色	（+16针）
	第12圈	96针	米色	
	第11圈	96针	原色	（+16针）
	第10圈	80针	原色	
	第9圈	80针	米色	（+16针）
	第8圈	64针	米色	
	第7圈	64针	原色	（+16针）
	第6圈	48针	原色	
	第5圈	48针	米色	（+16针）
	第4圈	32针	米色	
	第3圈	32针	原色	（+16针）
	第2圈	16针	原色	
	第1圈	16针	米色	

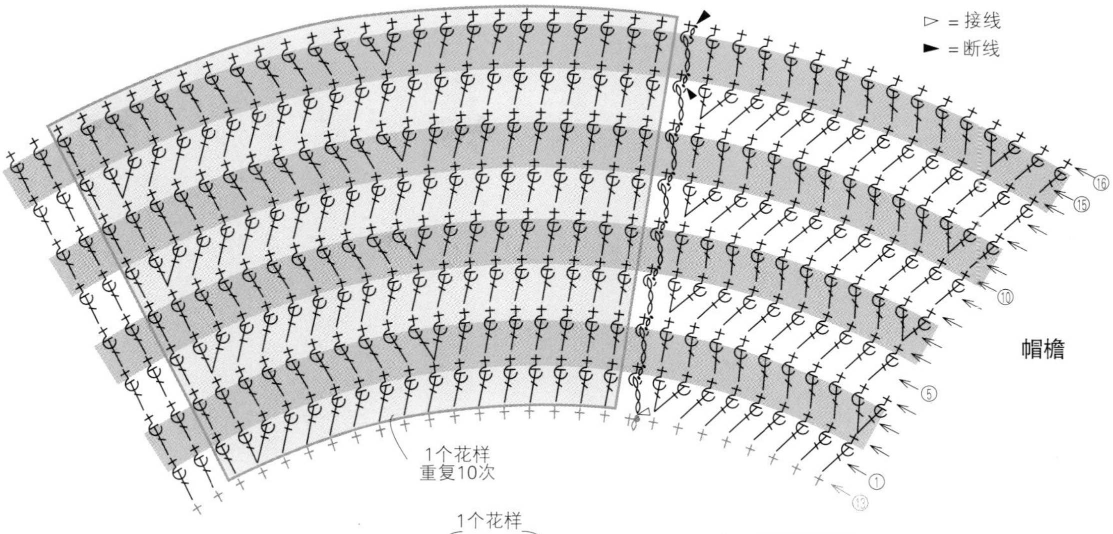

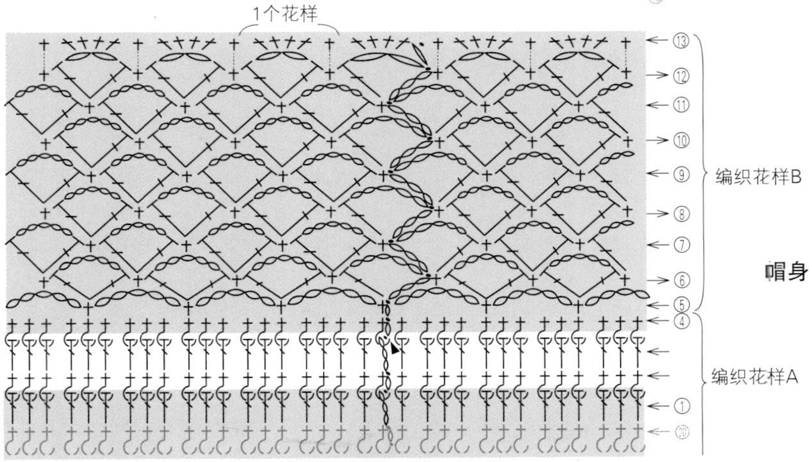

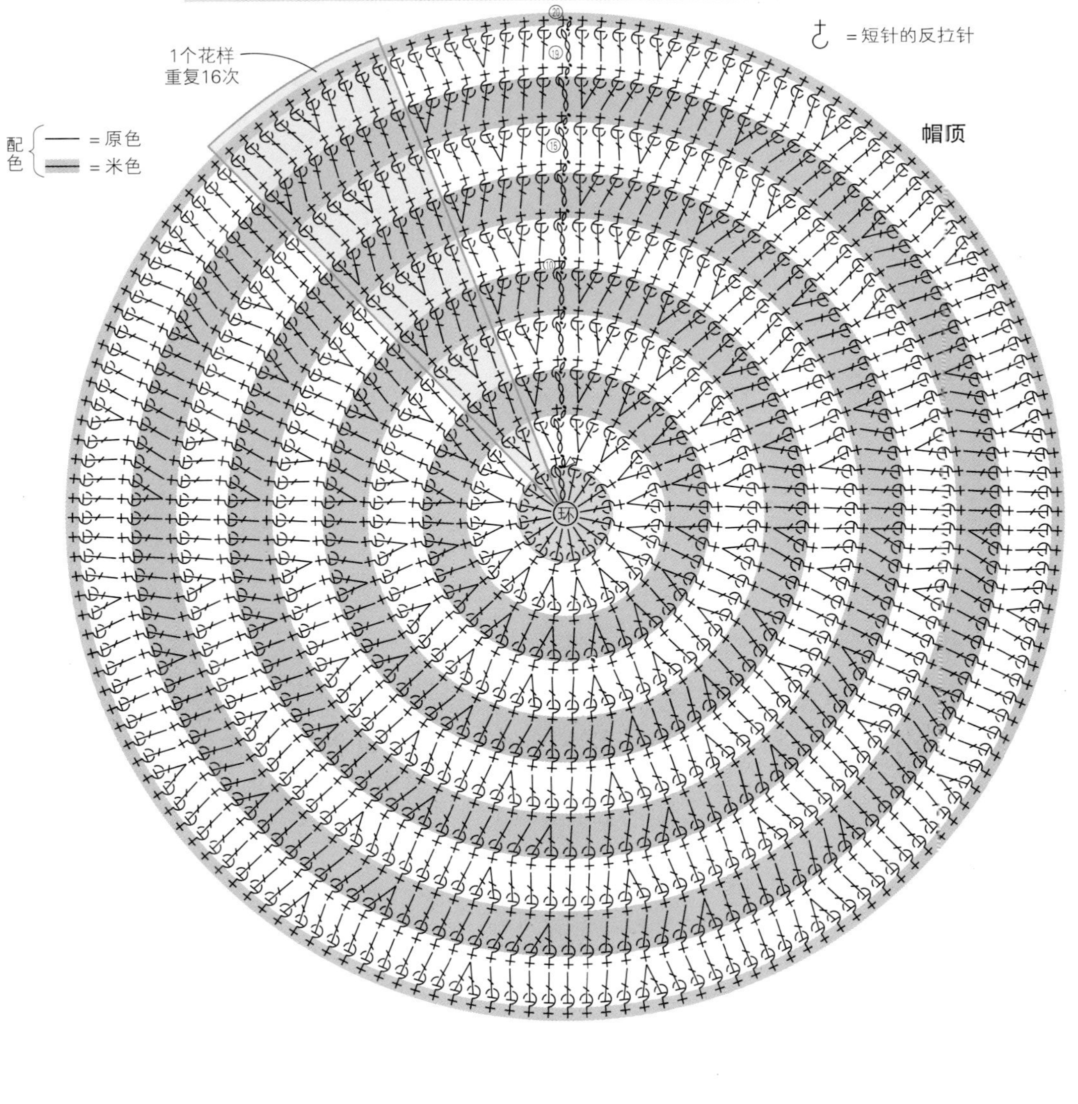

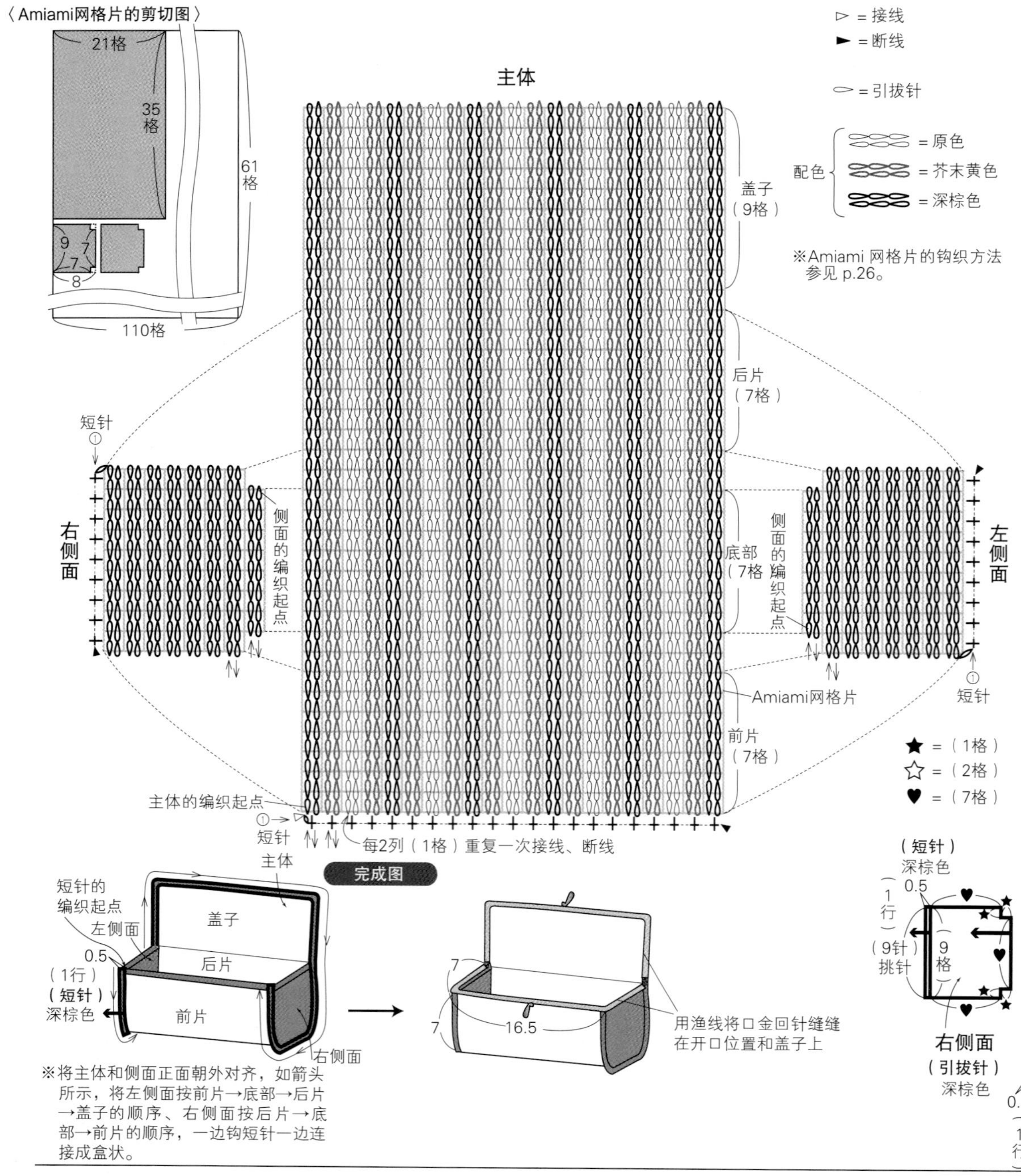

p.25
口金收纳盒

材料与工具

Hamanaka eco-ANDARIA 深棕色（16）15g，芥末黄色（165）10g，原色（168）5g，Amiami 网格片（米色 H200-372-4） 1片，包包用口金（宽17cm×高7cm，方形 H207-016） 1个，渔线 适量

钩针 7/0 号

成品尺寸

长16.5cm，宽7cm，深7cm

制作要点

●将 Amiami 网格片剪成 1 片主体（21 格 ×35 格）、2 片侧面（9 格 ×8 格，左、右侧面下侧的 2 个角各剪去 1 格）。

●主体部分从前片到盖子连起来钩织纵向条纹花样，在网格片的每列格子里钩入 2 列引拔针。在开口位置钩 1 行短针。

●侧面在网格片的每个格子里横向钩织 2 排引拔针，接着在开口位置钩 1 行短针。

●将主体和左、右侧面正面朝外对齐，一边钩短针一边连接成盒状。

●用渔线将口金回针缝缝在开口位置和盖子的边缘。

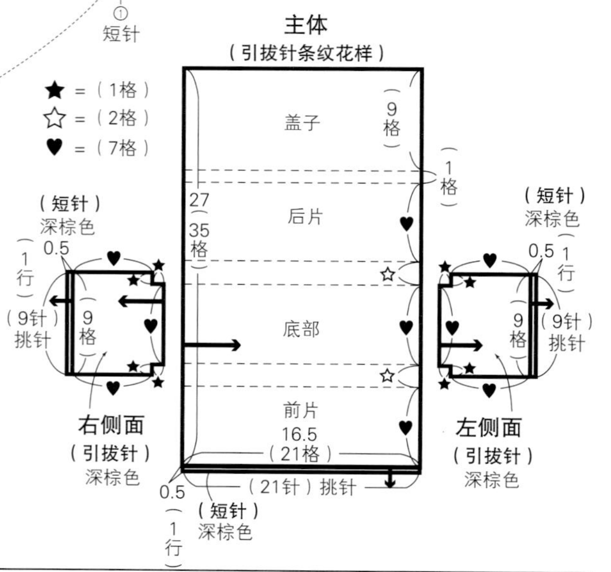

p.25
三用条纹手拿包

材料与工具

Hamanaka eco-ANDARIA 黑色（30）60g，银色（174）40g，金属灰（177）20g，Amiami 网格片（黑色 H200-372-2）1 片

钩针 7/0 号

成品尺寸

宽 33cm，深 41.5cm

制作要点

●将 Amiami 网格片剪成上部（45 格 ×22 格）和下部（45 格 ×33 格）各 2 片。剪掉上部的提手部分的格子。

●主体 A 钩织纵向的条纹花样，在网格片的每列格子里钩入 2 列引拔针。

●主体 B 的下部钩短针（网格片的 2 格为 1 针），上部钩横向短针条纹花样。

●在主体 A、B 的提手部分钩 1 圈短针。

●将主体 A、B 正面朝外对齐，将袋口以外的 3 条边用卷针缝缝合。

●在袋口环形钩织 1 圈短针。

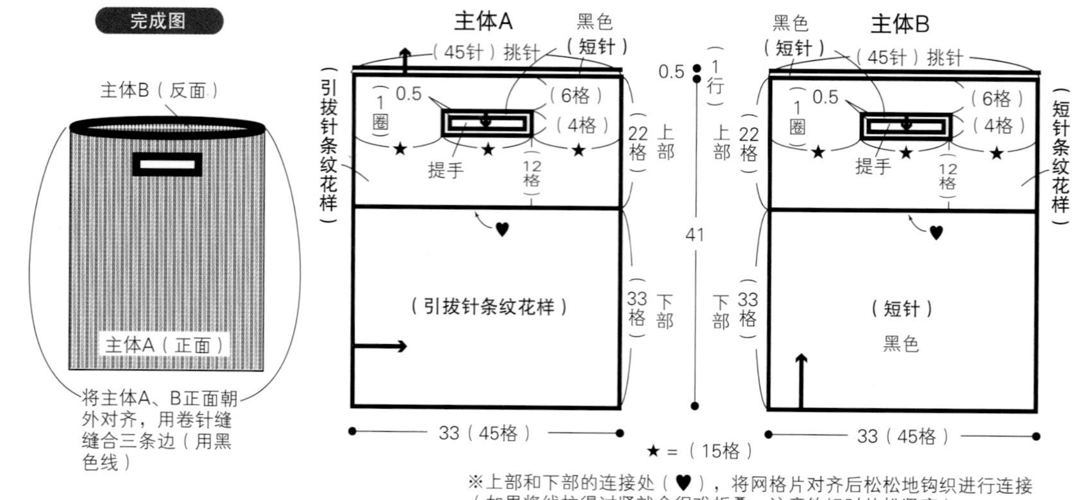

※上部和下部的连接处（♥），将网格片对齐后松松地钩织进行连接（如果将线拉得过紧就会很难折叠，注意钩织时的松紧度）。

※编织图解见p.101。

〈Amiami网格片的剪切图〉

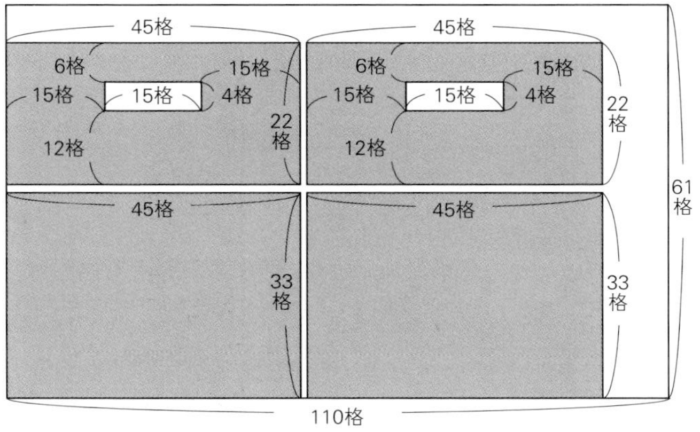

▻ = 接线
► = 断线
⬭ = 引拔针

配色
金属灰
银色
黑色

※Amiami 网格片的钩织方法参见 p.26。

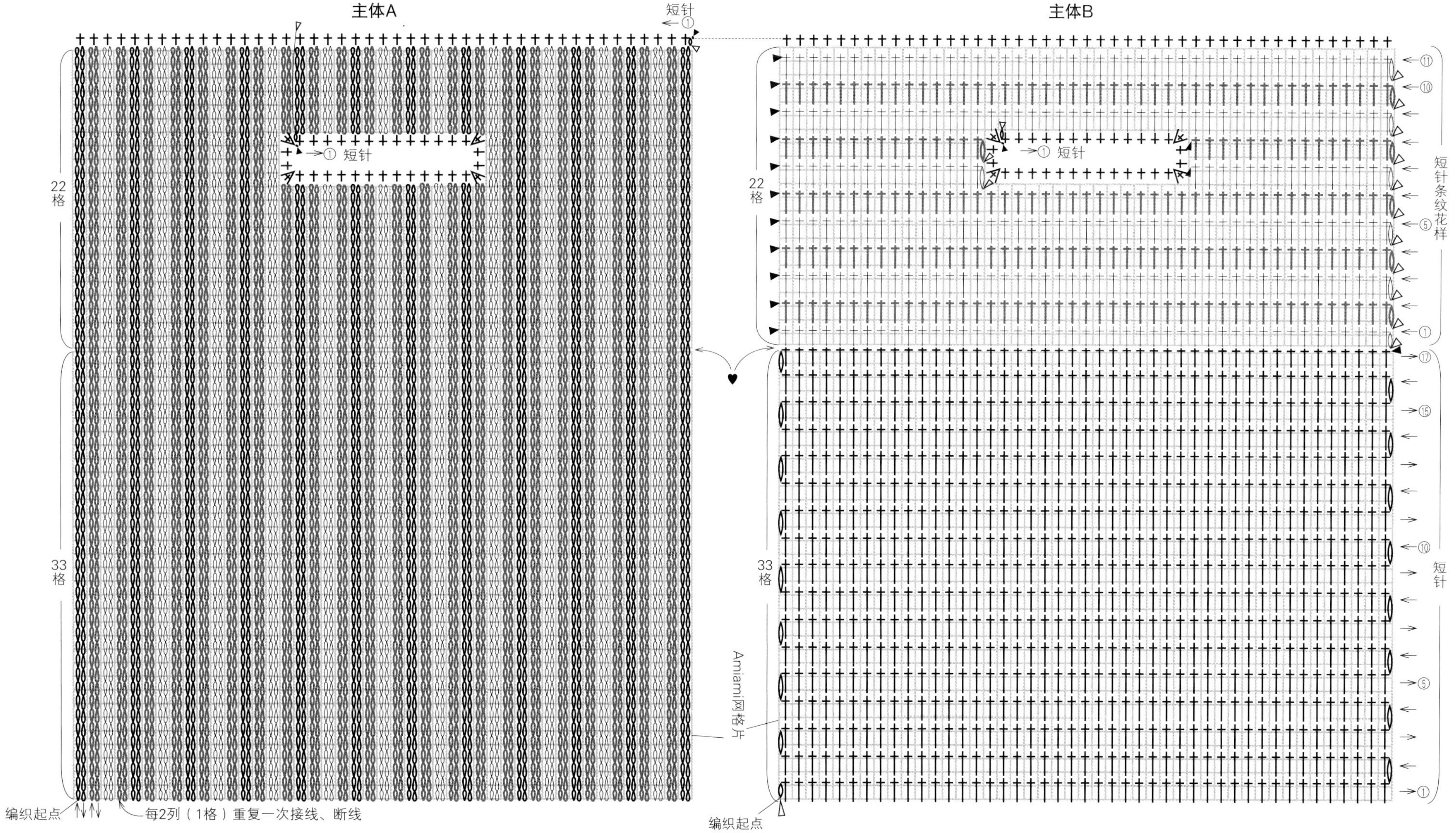

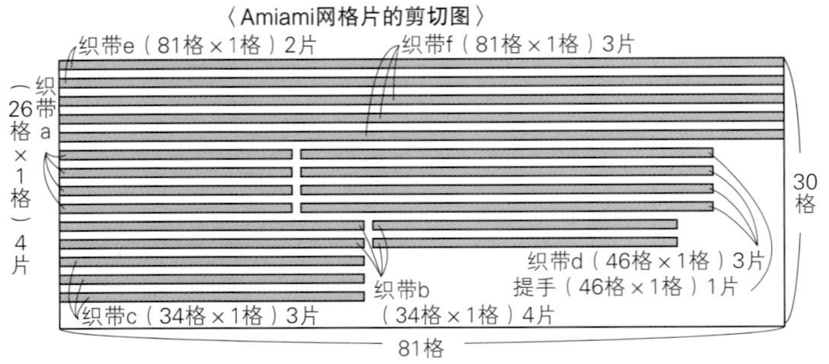

※Amiami网格片的钩织方法参见p.26。

p.24
竹篮结构的手提包

材料与工具
Hamanaka eco-ANDARIA 米色（23）40g，象牙色（168）35g，蓝色（18）25g，茶色（159）20g，剪切成型的网格片（白色 H200-601-1）1 组，宽 6mm 的系绳 60cm 2 条
钩针 5/0 号、6/0 号

成品尺寸
宽 23cm，深 18cm（不含提手）

制作要点
●将 Amiami 网格片按 1 格的宽度分别剪成指定长度的织带 a、b、c、d、e、f 和提手部分。
●从主体侧面下部的篮子部分开始制作。参照图解，分别钩所需数量的织带 a、b、c、d、e、f，然后参照图解进行编织。
●侧面上部从侧面下部的篮子部分挑取针目后钩 14 行编织花样。
●在编织花样的第 14 行里穿入 2 根系绳。
●提手部分参照图解在网格片上钩织，然后缝在主体的外侧。

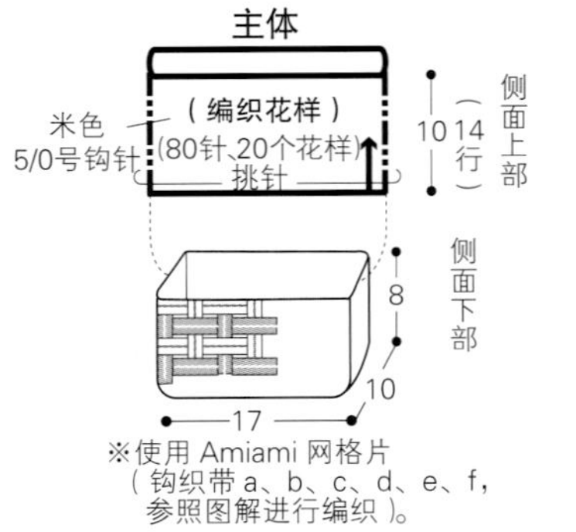

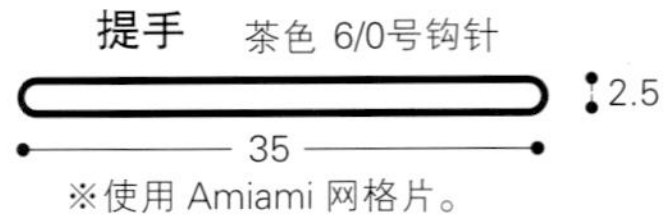

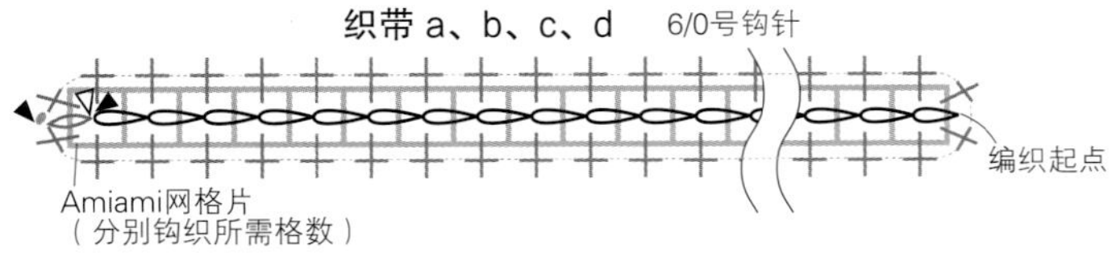

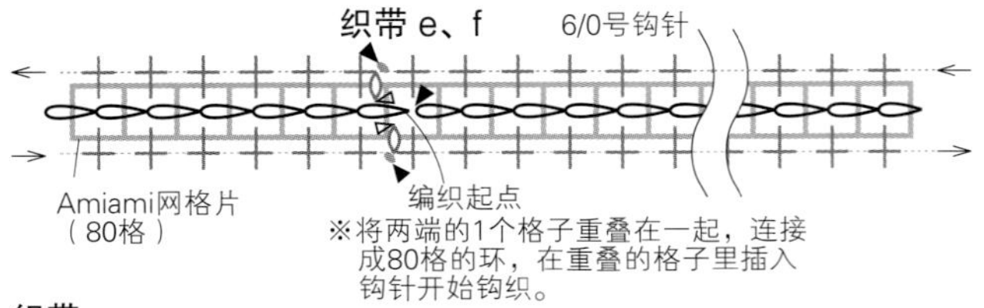

织带

	a	b	c	d	e	f
长度	26格	34格	34格	46格	81格	81格
片数	4片	4片	3片	3片	2片	3片
（引拔针）	象牙色	象牙色	茶色	茶色	象牙色	茶色
＋＋＋	蓝色	蓝色	象牙色	象牙色	蓝色	象牙色

※格数是指Amiami网格片的格数。宽度都是1格。

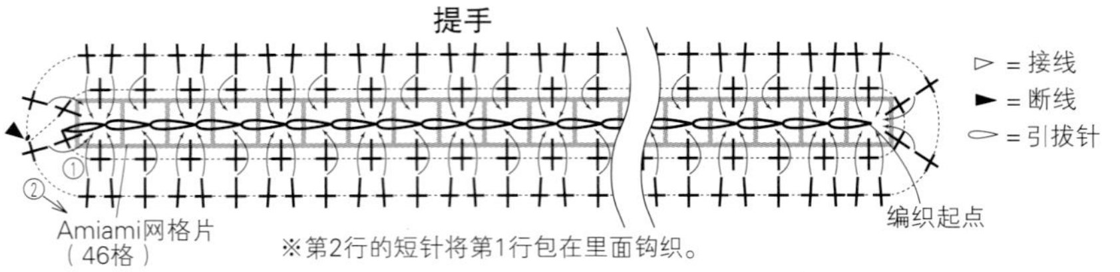

侧面下部篮子部分的编织方法

※使用晾衣夹等加以固定，编织起来会比较容易。

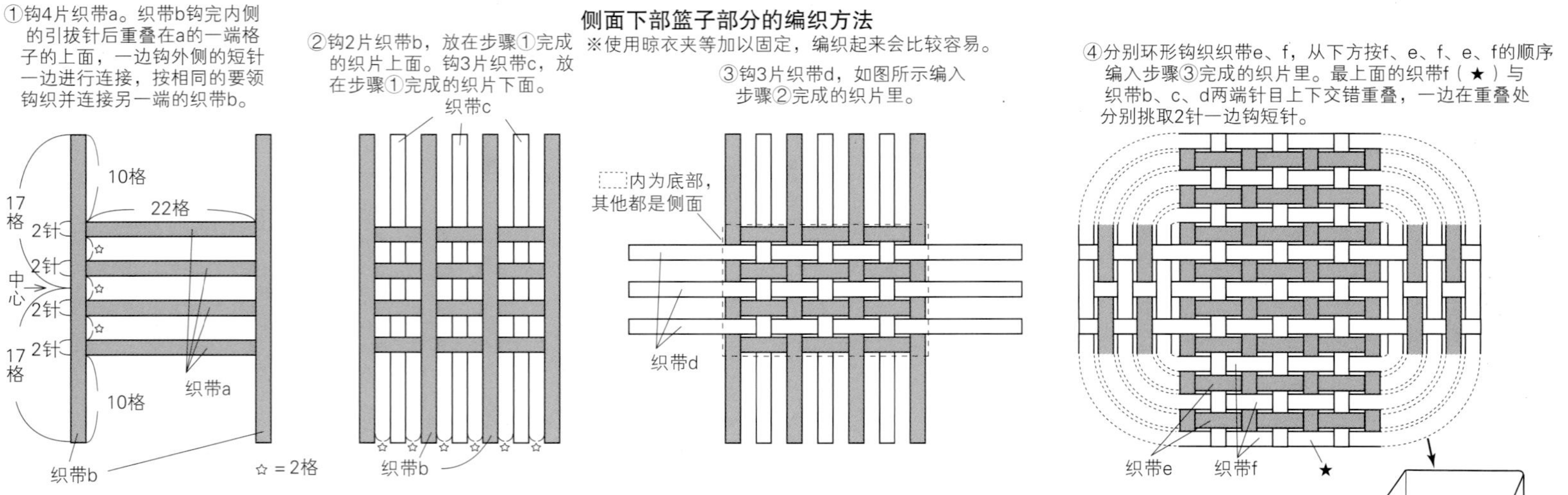

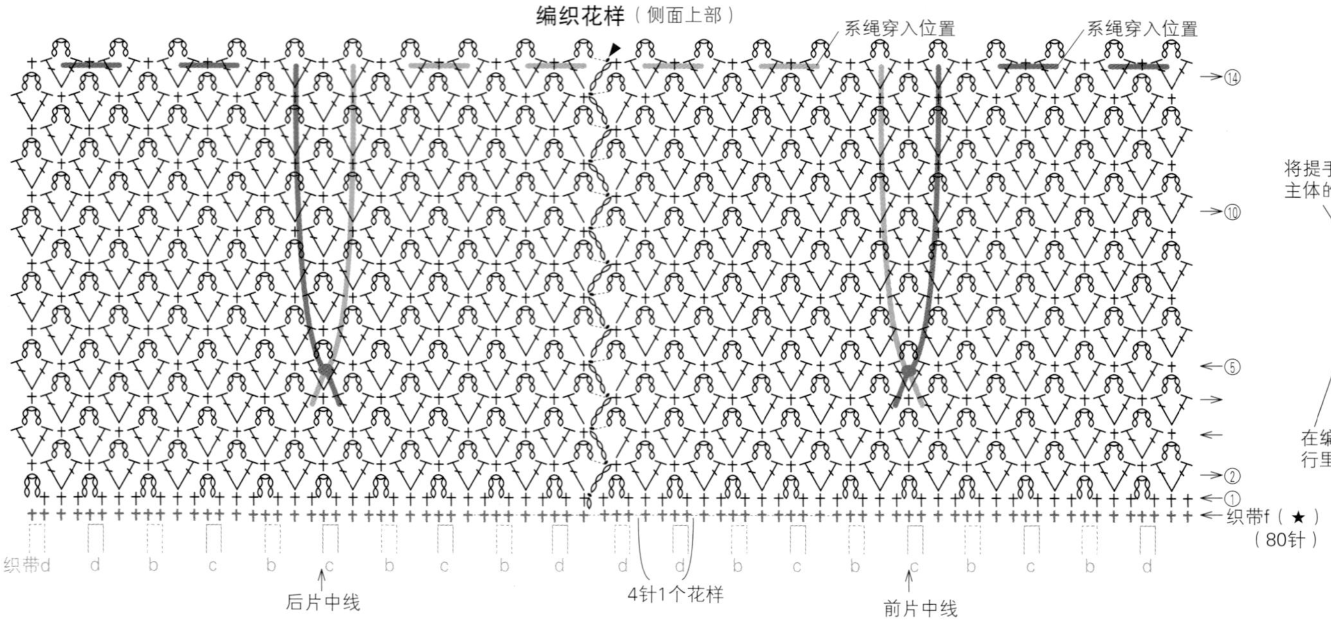

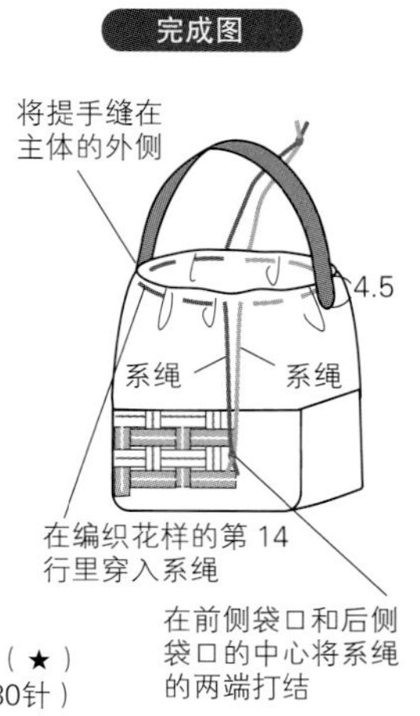

p.15
玫瑰花饰边的咖啡帘

材料与工具
DARUMA手编线　蕾丝麻线 #30 灰米色（9）60g，米色麻布65.5cm×35cm
蕾丝钩针2号

成品尺寸
长61.5cm，宽48cm

编织密度
10cm×10cm面积内：编织花样 42针，18.5行

制作要点
●编织花样钩51针锁针起针，如图所示，一边在右端加减针一边钩114行。
●如图所示裁剪麻布。参照图示，将四周的缝份折到反面，用缝纫机缝好。（麻布在使用前喷水打湿，熨平后再裁剪，以防收缩。）
●将织片重叠在布上缝好。

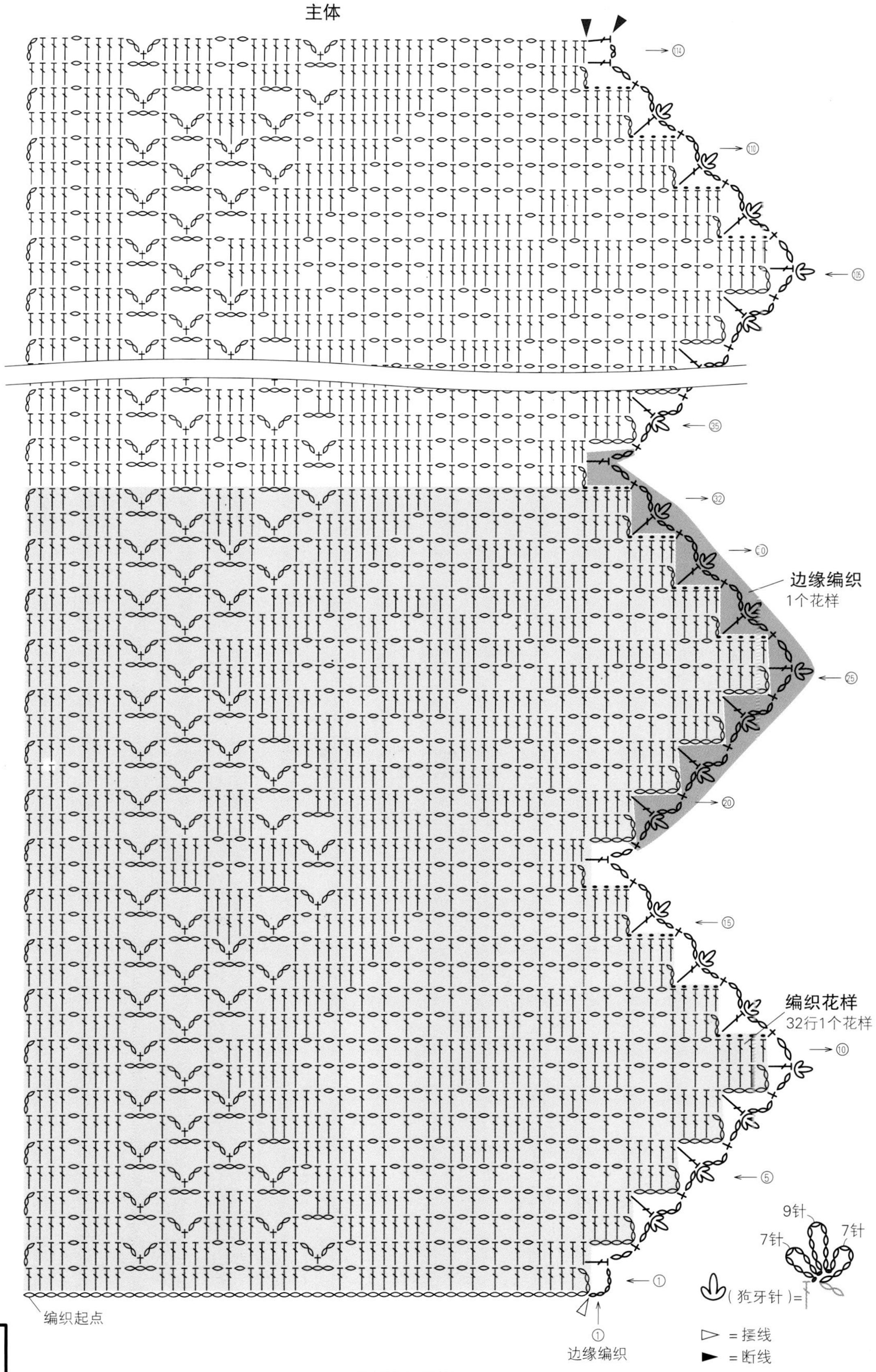

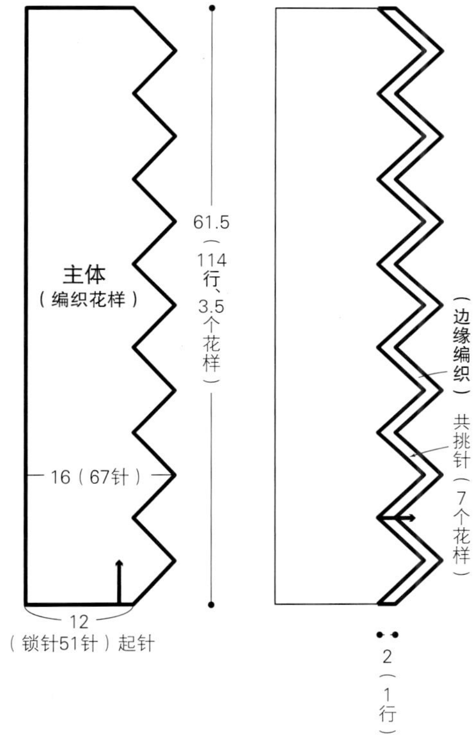

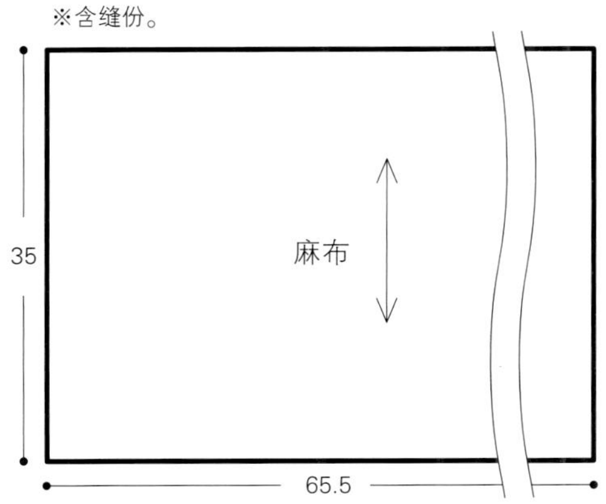

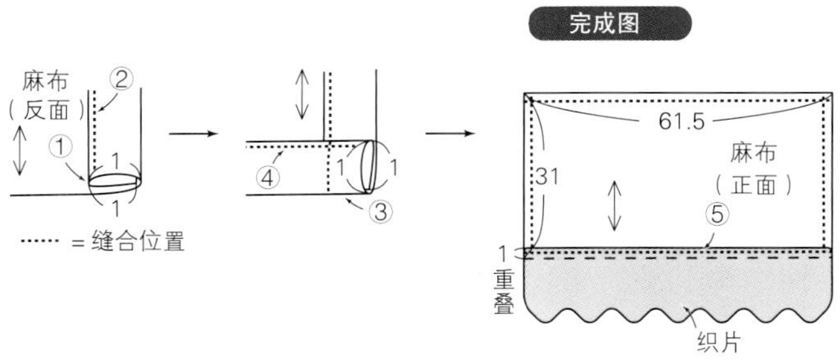

组合方法
①裁剪麻布，将两条边的缝份在反面折成三折。
②在边缘缝好。
③将剩下两条边的缝份与步骤①一样在反面折成三折。
④在边缘缝好。
⑤将织片在布上重叠 1cm 后缝好。

Photographers: IKUE TAKIZAWA,YUKARI SHIRAI,MAKIKO SHIMOE,NORIAKI MORIYA
Original Japanese edition published in Japan by NIHON VOGUE CO., LTD.,
Simplified Chinese translation rights arranged with BEIJING BAOKU INTERNATIONAL CULTURAL DEVELOPMENT Co., Ltd.

备案号：豫著许可备字-2015-A-00000518

图书在版编目（CIP）数据

编织大花园.4, 随时随意编织的可爱小物 / 日本宝库社编著；蒋幼幼译.—郑州：河南科学技术出版社，2018.4
ISBN 978-7-5349-9155-4

Ⅰ.①编… Ⅱ.①日… ②蒋… Ⅲ.①手工编织—图解 Ⅳ.①TS935.5-64

中国版本图书馆CIP数据核字(2018)第034643号

出版发行：河南科学技术出版社
地址：郑州市经五路66号 邮编：450002
电话：（0371）65737028 65788613
网址：www.hnstp.cn
策划编辑：刘 欣
责任编辑：梁 娟
责任校对：王晓红
封面设计：张 伟
责任印制：张艳芳
印 刷：北京盛通印刷股份有限公司
经 销：全国新华书店
幅面尺寸：235 mm × 297 mm 印张：6.5 字数：160千字
版 次：2018年4月第1版 2018年4月第1次印刷
定 价：59.00元